国际环境艺术设计基础教程

texture+ materials

建筑装饰材料

[瑞士] 罗素·盖格 / 编著　张尚磊 欧阳可文 高桐 / 译

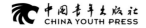
中国青年出版社
CHINA YOUTH PRESS

中青雄狮

a va
academia

Basics Interior Architecture 05: Texture and Materials

Published by AVA Publishing SA
Rue des Fontenailles 16
Case Postale
1000 Lausanne 6
Switzerland
Tel: +41 786 005 109
Email: enquiries@avabooks.ch

Design by John F McGill

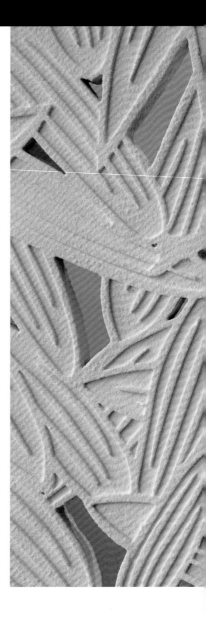

版权登记号：01-2012-4964

图书在版编目（CIP）数据

建筑装饰材料 /（瑞士）盖格编著；张尚磊，欧阳可文，高桐译 . —北京：中国青年
出版社，2012.8
国际环境艺术设计基础教程
ISBN 978-7-5153-0974-3
I.①建… II.①盖… ②张… ③欧… ④高… III.①建筑材料—装饰材料—教材
IV.①TU56
中国版本图书馆 CIP 数据核字（2012）第 176613 号

国际环境艺术设计基础教程：建筑装饰材料

[瑞士] 罗素·盖格 / 编著　张尚磊 欧阳可文 高桐 / 译

出版发行　　中国青年出版社
地　　址：北京市东四十二条 21 号
邮政编码：100708
电　　话：(010) 59521188 / 59521189
传　　真：(010) 59521111
企　　划：北京中青雄狮数码传媒科技有限公司

责任编辑：郭　光　张　军
助理编辑：刘美辰　马珊珊
封面制作：六面体书籍设计　王玉平

印　　刷：深圳市精彩印联合印务有限公司
开　　本：787×1092　1/16
印　　张：11.5
版　　次：2012 年 9 月北京第 1 版
印　　次：2015 年 2 月第 2 次印刷
书　　号：ISBN 978-7-5153-0974-3
定　　价：58.00 元

项目名称
叶之影 (Leafy Shade)
(见 P116~117)

地点
中国，上海

日期
2008年

设计方
A-Asterisk建筑设计咨询有限公司

目录

目录

如何从本书中获取更多

这本书介绍了室内设计中的各种材料及肌理,每一个章节对应一个专门的主题。每个章节都提供了国际前沿建筑实践案例并以注解的形式来说明其设计原理。

章节标题

每一章节分成若干小节,你可以在页面的左上角看到每个章节的标题。

章节介绍

每个小节的开头都有一段简洁的概述,大致介绍了该章节所涵盖的内容。

页码

你可以在页面的右上角看到当前页面的页码。

金属作为建筑物的结构材料在我们身边已经非常普遍了。我们生活所处的环境大部分都是由这些结构支架建造起来的,但是通常会将这些结构用一组其他的材料覆盖或是包裹起来。这一节中的室内作品主要着重于体现金属材料的自然本真对空间的影响——材质、表面涂料、强度和延展性。表面涂料和装饰的需要赋予金属材料很大的表现空间,材料本身可弯曲、可扭转、可撮打、可卷曲、可锻造的特性,都将在下文所述的案例中一一展现。

罗伯特·阿特金森(Robert Atkinson)

项目名称
《每日快讯》大楼(The Daily Express Building)

地点
英国,伦敦

时间
1932年(2002年由John Robertson建筑设计事务所重修)

设计师
罗伯特·阿特金森

《每日快讯》的总部大楼原始方案是由埃文·欧文·威廉斯(Evan Owen Williams, 1890—1969年)设计的,这个方案曾经是伦敦艺术装饰设计的一个典范。建筑外观采用了深色玻璃配配瓷砖和镀铬、角头窗户采用明角角,很好地体现了《每日快讯》的精简风格和左倾进步理念。其室内设计充满了对材质和设计的对比。苏格兰建筑师罗伯特·阿特金森受好莱坞电影影响,设计了一个镀金的星形爆炸图案,并用银质的叶片围绕在周围作陪衬。而其材料加工工艺是由雕塑家埃里克·奥莫尼尔(Eric Aumonier)完成的。

钙化墙、黑色大理石、闪亮的金属线脚结合在一起,黑黑相间的波状纹样由绿色旁条纹巧妙分割作为地板图案,再加上微妙的灯光设计,来访者一进入这个空间就可以感受到报讯的魅力和时代的意义。

迪恩和伍德沃德(Deane & Woodward)

项目名称
牛津大学博物馆(The Oxford University Museum)

地点
英国,牛津

时间
1860年

设计师
迪恩和伍德沃德

由于当时这个学校的当权者非常青睐古典主义设计,约翰·拉斯金在材料和装饰上的手法深深影响到了这个新哥特式的博物馆的设计。为了尽可能地让自然光照射室内,也为了充分使用当时的技术,E.A.斯基德莫尔(E A Skidmore)对最开始设计的钢铁玻璃结构进行了重新设计,这个新博物馆堪称铸铁工艺的一个典例——轻盈的结构,开敞的室内空间,既可以展示大量维多利亚时期的收藏品,也可以纳大量的来访者。

铸铁工艺在装饰和细节上的运用也使建筑物的结构本身成为博物馆展示的一部分。树干状的装饰分布在拱角和柱子顶端,图案内容包括梧桐、胡桃和棕榈。

在这幢建筑物内工作的时间越长,我就越觉得装饰着树叶状铸铁的顶梁柱使博物馆在二层的位置看起来如同一片森林一般。你要是不习惯看的话,有些时候,你会感觉这些植物是活的,而且还在生长。

——弗洛拉·贝恩(Flora Bain)

历史和学类·**国际经典案例** · 可持续发展

对页图
阿特金森设计的入口大厅(由John Robertson建筑设计事务所于2002年重修)。

上图
维多利亚哥特复兴式风格,结构和装饰结合,与周围材质相呼应。

案例信息

每个案例都注有项目名称、项目地点、设计时间和设计者。

右页脚

前一节、本节和下一节的小节名称都显示在每页的右下角,当前小节以粗体突出显示。

本书所提供的案例包括各种照片、草图和工程图，同时在文本部分进行了详细的分析，呈现出室内建筑独特而又富有吸引力的一面。

标注
所有标注都有指示和标题，方便查找参考。

引用
专家或是相关从业者的语录。

历史和背景　　　　　　　　　　　　　　　　　　　060+061

当代运用

木材来源于植被，是大自然的产物，许多树木需要几十年甚至上百年时间生长成熟，才能被加工成木材——这是人人都知晓的常识。本地（这里是指作者的所在地英国，译者注）的硬木品种，比如橡树和胡桃树，以及它们的"近亲"——生长在热带地区的柚木和桃花心木，在本书所介绍的许多设计作品中都令人瞩目的表现，在全世界范围内分布着一些古老的、人迹罕至的森林，上文中提到的这些树种就生长在这些森林里面。森林植被的健康持续生长，才能保证这些木材被大量广泛使用在设计上，而还有一些森林植被，由于人类的滥砍滥伐和疏于管理，已经荒芜，无法再为我们提供木料，这些遭受破坏的深林植被，如果想重新恢复再次利用，则需要几代人的维护和等待，木材和其他很多自然资源一样，正在变得越来越昂贵和稀少，只能小范围地使用，而更多的情况下，我们不得不采用相似的替代品，或是人造材料来满足设计和市场的需求。

在现代室内设计中，木材由于其本身的特质和外观再次成为设计师手中的重要资源，也被赋予了新的责任和价值。许多设计师如安藤（Ando）、阿拉迪（Aradi）、德·菲欧（de Feo）、藤本壮介（Sou Fujimoto）、斯诺赫塔和彼得·卒姆托。他们在自己的一个或多个设计作品中都使用了木材，并且赋予木材以特别的质感，曾经的手工匠会对手中的木材细微赏鉴心鉴，了解材料

我的设计意图是超越作品的表象，我希望看到木材的生长纹理、石材的时间印迹，我希望看到一个城市最自然的一面。我并不仅仅是指存在于城市里的公园或是景观，我的意思是，城市本身也应是自然的。城市之中，立身之地、所耗之材都为自然所属。
——安迪·戈兹沃西（Andy Goldsworthy）

上图
挪威国家歌剧院芭蕾舞团（The Norwegian National Opera and Ballet），挪威，奥斯陆，Snøhetta建筑事务所，2008年

作为建筑"看得见"的元素之一（还有石材，金属（铝）和玻璃等），木板（橡木）被用于强调"表面"，即将建筑中的不同区域和元素连接在一起。

后再加以工艺处理，而这些设计师的精心之作，似乎将我们再次带回了那个时代。

讨论：
木材的替代品
根据你生活和工作的空间环境，试着考虑以下问题。

- 在这些空间里，有多少物品或表面是由木材制成的？

- 这些物品或表面是否有多少是由工业加工过的木材（例如复合板、刨花板）制成的？或是非木质的材质（例如硬纸板）？或是仿造木材（例如用木材纹理制成的覆盖表面的材料）？

- 你认为是什么原因，这些物品或表面是否有选择使用真正的木材或替代品？

- 相对于真正的木材，你觉得这些（复合物或仿制木材）物品和表面的触感的触感、气味、纹理和外观有什么不同？

在室内建筑和室内设计中对材料的选择和使用方法是无限的，但是设计师对适当材料的选择和正确使用能够使设计产生戏剧性的效果或是将材料的影响降到最低。对于材料的创造性使用不仅能够满足空间设计的基本需求，而且还能赋予空间一种抽象、感性的特质——氛围。建筑设计材料甚至可以引导或改变人们在建筑空间内的感受：冷或热，兴奋或压抑，放松或焦虑。这就是所谓"即使是同一种材料，也可以有上千种变化"。

材料是建筑与室内设计的核心，不论它是传统的还是高科技的，天然的还是人造的，廉价的还是昂贵的。如果设计对象是已建好的空间，那么成败的关键就在于创造性地运用材料，发挥材料的功能，以及充分利用材料对空间形象、风格、个性、感觉以及氛围的塑造作用。

材料以及它们本身的或它们被赋予的质感，往往决定了空间的根本特质。材料及其质感是人们进入室内空间时所能接触到的首要元素：门把手、走廊两边的墙、走路时地板发出的声音、围绕在你周围的木料味道、玻璃反射出

对材料的利用有无尽的可能性。拿一块石头来说，你可以锯开它，打磨它，把它钻孔分解或是抛光——每次处理之后的结果都是不同的。或是将大量相同的小块石材堆积在一起，又会形成一个新的材质。再对着光看，效果又会不一样。即使是同一种材料，也可以有上千种变化。

——彼得·卒姆托（Peter Zumthor）

为了取得好的室内设计效果，室内建筑师和室内设计师需要了解每一种材料以及它们之间的联系，知晓其规格、性能、应用范围及其局限性，熟悉它们的触觉、表面温度、重量（包括物理和视觉）、耐用性，在湿气、声音、光线等的影响下与其他物质的相互作用以及在纹理和表面处理的应用上有何潜力。此外，设计师应该了解材料的历史和文化背景，以及它们当下的品牌、形象和辨别度。对材料的慎重选择是设计出成功作品的关键。

当一个设计师具备了广博的知识的时候，传统的、惯用的设计对他而言就开始显得过于简单而缺乏内涵。相反，各种材料，包括新的、旧的以及经过改造的，都为建筑师和室内设计师发挥创造力提供了无比广阔的空间。由于技术和工艺的变化和发展，客户的需求也变得更加丰富多样和个性化，许多室内建筑师和设计师开始使用一些其他领域中常用的材料。时尚、生产、交通、照明和家居设计中使用的很多材料在室内设计中正在日益发挥作用。传统的材料以及那些室外设计中常见的材料正在被重新定位和设计，在经过室内建筑师的重塑后，它们常被用来营造室内的氛围和活力。

本书将对当下常用的装饰材料进行有针对性、可读性的详尽介绍，希望能为建筑和室内设计专业的学生提供更多的信息。每一章都以一个类型的材料为主题，介绍其相应的历史背景、有不同文化和地域中的运用，以及其内在的特质和局限。本书将依次列举历史上的、当代的以及典型的案例研究，以说明如何使用材料才能取得最好的设计效果。每章都会对材料的可持续性和未来的发展提出讨论。

本书的主旨并不是向学生呈现一堆好看的材料和室内设计效果图，而是引导学生去思考：何地、何时、如何以及为什么选择和使用某种材料。虽然书中列出了相当多的优秀案例，但笔者认为，应该多对书里的内容提出疑问甚至批评。在设计师使用材料的过程中，其特质、质量、加工、应用和成本都在不断发展和变化。在阅读本书时，应该秉着开放的态度，充分利用现代材料为室内空间设计师提供表现的创意和创新的机会。

　　石材、砖和混凝土通常被用来作为建筑的体量材料，它们的用途被定义为"体量结构（MassConstruction）"或是"重心结构（GravityConstruction）"。从技术层面上来看，它们的作用就如同上述文字的字面意义一样，是作为"体量"和"重心"的建筑材料；简而言之，就是借助重力作用，利用材料自身的巨大质量，来保持建筑屹立不倒。建筑的其他荷载则可以通过承重材料，从上至下地传递到建筑基座的大地土壤里。但是，上述用途对于这些材料在构成一个优质空间方面所起的作用甚微；通过一个优秀设计师之手，同时结合艺术性和技术化的运用，石材、砖和混凝土还可以为使用者营造新颖的空间氛围，传递别样的设计信息。

项目名称
犹太博物馆（Jewish Museum）

地点
德国，柏林

时间
1999年

设计者
丹尼尔·利伯斯金（Daniel Libeskind）

位于德国柏林的犹太博物馆是建筑师丹尼尔·利伯斯金使用混凝土工艺创造不朽作品

石材作为建筑结构材料已经被人类使用了数千年。随着工具的改进，人们开始对石材进行加工和雕琢。随着社会的发展、石匠工艺的日益长进，以及石材切割打磨技术的日渐精密，石质结构的规模、多样、富丽堂皇一直是其耐久性的象征性体现。

对页图
荷鲁斯神庙（Temple of Horus），古埃及，公元前57年

古埃及的荷鲁斯神庙很好地诠释了石材的主要特性。在当时的建筑技术下，这种巨型石材建筑都是用密集的巨柱支撑起来的。当时的石匠为了表现他们的尊敬之情，将这些石质圆柱细细打磨，雕刻出精致的纹样，体现出了石材柔美、温和的一面。

史前历史和早期人类文明时期

新石器时代留下的石材建筑遗迹说明了石材的一个重要特质: 永恒。人们在运输、抬起、加工这些石材，以及运用它们建造房屋时付出了巨大的努力，这表明了人们希望安定下来并建造自己的社群。石材意味着永恒，永恒意味着地位。但是新石器时期的人类不仅仅关注于房屋如何抵御恶劣、严苛的气候，房屋不仅仅是提供庇护和安全（人类最基本的需求）的场所，同时也要能为使用者提供舒适的环境。

在公元前大约3000年的古埃及文明时期，石材的应用程度大大超过当时的西欧。石材的材料潜质被当时的古埃及人充分挖掘出来并应用在重要建筑上。古埃及人认识到，大块的石材只要精心打磨、细心设计，是可以建成大型建筑结构的。当时的建筑——庙宇、宫殿和金字塔多是为了展现古埃及王国的权力、威武和长存而建。石材被运用在如此大规模的建筑物上，不仅仅是因为这种材料的永恒性，同时也因为石材工艺如纪念碑一般给人留下了这样的印象: 至关重要的建筑结构应该是永恒、不朽和值得纪念的。

石材、砖和混凝土

古典文明时期

在古希腊和古罗马帝国时期,纪念性建筑是尤为重要的。和先前伟大的古代文明一样,古希腊和古罗马文明也被统治者认为将是永恒的——理所当然地,他们要建造永久性的建筑。古希腊建筑中的很多柱式结构——多立安式(Doric)、爱奥尼亚式(Ionic)和科林斯式(Corinthian),至今仍然被使用在很多现代建筑中。但是古希腊的建筑也受到柱子和楣梁的局限:跨度越大,楣梁就需要越大、越重;楣梁越重,则作为支撑的柱子体积也需要越大。任何天然材质都有这样的缺陷:它们的承载量有一个极限值,一旦自身的重量超过这个极限值,它们就会因为承重过大而倒塌。

古罗马人利用拱券结构来解决这个问题。拱券由很多小块的石材组成,这些小块石材叫作拱石(voussoir),拱石的各个面紧密地贴合在一起。一块大的券心石(central stone)或是拱心石(key stone)通常被放置于拱券结构顶端的最中心处,它将每边的拱石压紧、压实,使结构坚实牢固。拱券的运用(包括所衍生出来的结构形式,例如穹顶)使古罗马建筑在早先古希腊建筑的基础上显得更加优雅和轻盈;相比较而言,古希腊建筑给人的感觉更加沉稳和庄重。

上图
万神庙(The Pantheon),
意大利,罗马,公元126年
光束通过穹顶中心的洞斜射进来。将这种技术运用在穹顶建筑上,既减轻了穹顶的结构荷载,也使得建筑在室内感观上更加轻盈和明亮。

左图
布卢瓦城堡（Château de Blois）的楼梯，法国，卢瓦尔河谷，17世纪
精致、奢华的雕饰工艺和技术完美地将石匠的手艺和使用者的期望结合在一起，促成了文艺复兴风格的兴起。

中世纪时期

早期基督教堂的建造者还拥有在石材上精致雕刻和打磨的工艺以及艺术设计水准。从某种意义上而言，在拥有精湛技艺的能工巧匠和抱有传递宗教信仰期望的当权者的共同努力下，中世纪的教堂建筑将石材建筑艺术推向了一个新的高度。为了显示财富上的无可比拟和地位的不可僭越，石匠们被委托修建的这些宗教建筑都是大肆铺张、极尽奢华的。

讨论：
中世纪的石匠

尽管在尝试中有成功也有失败，尽管在设计建造中荆棘满程，但中世纪的石匠们依然大胆地使用结构技术，使得中世纪留存下来的大量杰作——无论是在体量上还是在跨度上，都是巧夺天工、无法超越的。

虽然因为没有对于力学和材料的科学认识，使得中世纪留存下来的许多柱子、拱券和扶壁在现在看来都是"设计过度（over- designed）"了的，但这些清晰的结构方式和合理设计为数千年后的现代科学家和设计师提供了大量的灵感。

● 你如何评价中世纪教堂中所表现出的空间特质？

● 这些空间给你什么样的感受？

● 对于你所感受到的空间，材料在其中起到了什么作用？

● 你认为这些中世纪的作品可以以何种方式影响今天的建筑设计师？

右图
美蒂奇礼拜堂（Medici Chapel），意大利，佛罗伦萨，1520—1536年

在美蒂奇礼拜堂中，米开朗基罗（Michelangelo）运用对称和比例平衡的原理，创造了一个宏伟庄重的空间，同时这个空间也是易于亲近的。尺寸巨大的拱形壁龛被一个个小的壁凹和深色条带打破，在这个被界定为陵墓前室的空间里，来访者不会感到过于死板和僵硬。在一般的中世纪礼拜堂里面，有一些私密的元素被刻画得尤其明显，例如门和屏风，而米开朗基罗则刻意地模糊了这些元素。

对页图
圣安德烈大教堂（Basilica at Sant'Andrea Della Valle），意大利，罗马，1650年

圣安德烈大教堂巧妙地使用彩石、马赛克方块和镀金工艺，还添加了壁画和雕塑，可以称得上是洛可可艺术风格的建筑中数一数二的杰作。

文艺复兴时期、巴洛克时期和洛可可时期

　　文艺复兴将先进科学和新兴艺术的风暴带到了西欧社会。这一时期社会安定，国家富足，在建造为富有阶级和权贵们服务的场所的过程中，大量的资金流入艺术家和工匠手中。

　　文艺复兴风格的室内设计受到古希腊和古罗马风格的巨大影响，米开朗基罗和里昂纳多·达芬奇（Leonardo da Vinci）将古典风格中的对称和比例平衡原理重新运用到设计当中。昂贵的建筑材料，例如石材、大理石或是砖，被广泛运用到一些受古典主义影响的空间设计当中，用重复的几何线条和图案强调尺度和比例。位于佛罗伦萨的美蒂奇礼拜堂就运用地板上的镶嵌图案与建筑空间元素中的比例设计相呼应（例如壁柱、拱券和壁龛），分解了建筑的广阔空间，重新将其限定成适合参观、使用的小尺度空间。

讨论:

装饰

比较古希腊、古罗马时期内敛的古典主义风格与欧洲巴洛克和洛可可风格盛行时的过分装饰倾向。

● 很多人认为华丽、繁复的巴洛克和洛可可风格"溶解"和掩饰了建筑的结构。

● 你对于装饰改变室内风格是如何理解的?

历史和背景／国际经典案例

在人类过去成就的基础上前行，只
为企及更好的未来。
——约翰·派尔（John Pile）

上图

对页图

赛昂旧居（Syon House）大厅，英国，伦敦，罗伯特·亚当（Robert Adam），1761 年

在诺森伯兰公爵（Duke of Northumberland）委托建造的这个作品中，建筑师罗伯特·亚当使用了大量的石头和大理石来营造空间效果。奢华得如同戏剧舞台的大厅显示了诺森伯兰公爵的财富和地位。

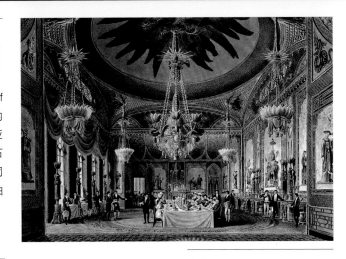

乔治王时代和摄政时期

乔治王朝时代的优雅风格延伸到建筑、室内、家具和装饰设计上，表现出一致性、内敛性和统一性。这种理性主义的设计风格理所当然地被新兴的中产阶级迅速接受。他们能够负担得起独栋的别墅，也钟情于让设计师为他们量身定做室内装饰和家具，很多设计作品和风格更是流传至今 [例如，齐本德尔式家具（Chippendale），赫普尔怀特式家具（Hepplewhite），谢拉顿式家具（Sheraton）]。事实上，这种对于定制和一贯性的坚持深深影响了20世纪早期的现代主义风格。

上图

皇家亭苑（The Royal Pavilion），英国，布赖顿，约翰·纳什（John Nash），1815年

设计师约翰·纳什在这个作品中延续了古典主义的风格，尽管他采用了一个洋葱形状的穹顶——看上去似乎受穆斯林建筑风格的影响更多一些。建筑的室内装饰非常有趣，融合了来自东方和亚洲的风格。

18世纪和19世纪交替之际，乔治王朝时代的理性主义风格逐渐向摄政时期的怪诞和异域风格转变。1820年，摄政王子在其父王过世之后成为了乔治四世。在他作为摄政王和乔治四世统治时期，尽管古典复兴之风盛行，他依然在整个大英帝国推行自己的设计风格。从古埃及而来的时尚、建筑和文化元素，以及中国文化和伊斯兰文化，还包括殖民文化元素都被糅合在一起，运用在当时最为壮观和绚丽的建筑空间中。

历史和背景｜国际经典案例

右图
红屋（Red House），英国，肯特，
威廉·莫里斯（William Morris）和
菲利普·韦布（Philip Webb），1860年
这幢建筑自由散漫的风格掩盖了其理性主
义和功能主义风格。对于现代主义的推崇
者而言，实用性是建筑的先导。相对于维
多利亚时期（Victorian）和爱德华七世时
期（Edwardian）僵硬而沉重的室内设计
而言，莫里斯的室内作品呈现出明亮和简
洁的风格。

维多利亚时代

在那个时期，利用工业化流程加工复制奢
华装饰和设计的技术还在流传，因为手工工艺
只是为贵族阶层服务的。工业产品容易生产，
并且糅合了印度和远东设计风格，使得设计师
和使用者可以一层又一层地在建筑上添加装饰
品，有些甚至与原先的建筑风格相悖。此时的
室内空间充满活力和生机，其细节表现和"制
造工艺"也很少被超越。

唯美主义运动时期

维多利亚（High Victorian）时代晚期的过
度装饰风格最终引发了复古主义运动和追求平
实质朴设计风格的风潮。作家和艺术评论家约
翰·拉斯金（John Ruskin，1819年—1900年）
表达了自己的预测：工业化的艺术产品不可避
免地导致设计风格变得粗俗和廉价，而这个问
题唯有手工匠的技艺方可解决。手工匠因此被
认为是当时社会上惟一一群可以表现朴实设计
风格的人，这种朴实的设计风格突出了材料和
产品的功能。对于手工匠而言，装饰和镶嵌工
艺是索然无味的。

在唯美主义运动的氛围下，追求简洁朴实
成为当时的核心哲学理念；而实际上，这种愿望
很难达成，这促使很多艺术和工艺设计师加入
了手工匠行列，以设计和制造他们想要的产品。

现代主义

1919年成立的包豪斯学校（Bauhaus School）带动了设计教育领域的发展，这些领域横跨建筑、室内、印刷、纺织品、陶瓷、照明和家具，几乎囊括了工业设计领域和现代材料所涉及的各个方面。真实反映材料用途的现代设计手法成为这个时期设计作品的一个重要特色。

下图
德国馆（German Pavilion），西班牙，巴塞罗那，密斯·范·德·罗厄（Mies van der Rohe），1929年
纹样华丽的石材经过设计师的巧妙运用，成功抓住了参观者的眼球，也强调了它的体量，建筑的外围则使用钢柱和玻璃材料建造。

现代主义的建筑师们反常规而为之，运用建筑的承重墙（石头、砖或是混凝土）来支撑上部结构，而用透明玻璃来围合建筑物外墙的手法，在这一时期大量出现。

从下图和下一页图上可以看出，现代主义建筑只是用混凝土来做支撑结构，在建筑外墙上留出大量空洞，在使室内空间的采光达到最大化的同时，也将结构所用材料和所占空间减至最少。这是与材料自身属性相悖的一种尝试，但也最大限度地挖掘了混凝土材料的潜力。

右图
798 艺术工厂，中国，北京，1951年

对这个空间的设计严格遵循了包豪斯的设计风格，也是表现混凝土材料潜质的一个优秀案例。在这个设计中，混凝土的结构达到最小化，几乎没有对开阔的室内空间产生任何视觉阻碍，结构本身也没有多余的部件，完全配合空间的需要而设计。

后现代和当代主义

如今，体量材料的运用有发达的技术作为指导，这些技术主要集中在如何更经济、有效地运用混凝土、砖或是石材上。在大部分周边可见的建筑中，混凝土和钢结构（传统上这些结构都是很笨重的）似乎可以违反重力，甚至像是"漂浮"在我们的身边。那些给予使用者历史厚重感和永恒感的面板或是立面，实际上常常只是建筑的维护结构，其真正的结构常因为要避免被外界侵蚀而覆盖保护了起来。在20世纪末、21世纪初，要找到一个可以表现混凝土、砖和石材本身结构和功能的案例，已经很难了。

石材和砖仍然在使用，然而是以更为经济化的形式，用以传递一种品质、永恒、纪念性和富有的感觉，换而言之，即它们在历史上被用作建筑材料的原因。随着建筑和建造技术的进步，建筑和室内设计风格的多元化以及设计工业的全球化（不带有地域风格，也不受材料产地限制）都使得传统石材加工工艺的运用在日益减少。

石材、砖和混凝土

上图

**菲利普斯埃克塞特中学（Phillips
Exeter Academy）图书馆，美国，
新罕布什尔州，路易斯·卡恩（Louis
Kahn），1971年**

在菲利普斯埃克塞特中学图书馆这个建
筑中，路易斯·卡恩使用了"漂浮"的几何
形体，在钢筋混凝土结构上挖出空洞，
来营造一种回廊空间氛围——路易斯·卡
恩认为这种氛围很适合图书馆这个学习
环境。

讨论：
用途广泛

石材是一种用途多得惊人的材料。它可以保温，
也可以隔绝外界的酷热，保持室内凉爽。而且，
它可以运用于建筑物的各个部位，例如地板、墙
壁和屋顶。

● 石材还拥有哪些其他的特质使其成为运用最为广泛
的建筑材料？

历史和背景／国际经典案例

作为结构或是室内材料的石材、砖和混凝土经过多种工艺的精细加工和雕饰可以打造出具有丰富表现力和创造性的室内和建筑空间。尽管在现代主义风格的影响下,手工匠越来越少,手工工艺也逐渐失传,但是通过创新设计和对新材料的运用,优秀案例还是层出不穷的。

彼得·卒姆托

项目名称
瓦尔斯温泉浴场 (Thermal Spas at Vals)

地点
瑞士,瓦尔斯

时间
1996年

设计师
彼得·卒姆托

瑞士建筑师彼得·卒姆托被视为建筑设计领域内最优秀的工艺设计师之一。作为一个木匠的儿子,彼得·卒姆托成功地将对于材料的深刻了解运用于空间设计中,他具有敏锐的空间感知能力,并且深谙设计迎合用户需求之道。

在他设计的瓦尔斯温泉浴场中,室内温度的变化,温泉冒泡或是水流潺潺的声音,步入香氛浴池时的感觉,冷或暖的墙面触感,均被精心地编排过,与纪念碑似的、具有细腻质感的石墙背景相呼应(一些石块被打磨过,另一些则刚刚从采石场采集而来)。在这里,沐浴成为一种身体与情感相互交融的体验,来访者在此逗留、徘徊、休憩,享受着身心的愉悦。

石材、砖和混凝土

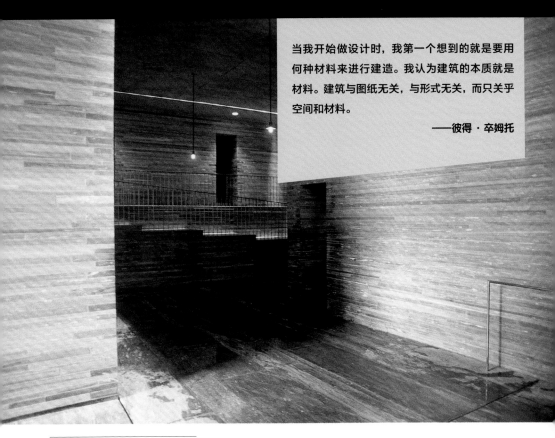

当我开始做设计时，我第一个想到的就是要用何种材料来进行建造。我认为建筑的本质就是材料。建筑与图纸无关，与形式无关，而只关乎空间和材料。

——彼得·卒姆托

上图

用当地特有的瓦尔兹石英岩（Valser quartzite）作结构，石材表面天然的条纹具有韵律美感，形成了引人注目的立面纹理。

对页图

铬、黄铜、皮革和丝绒的颜色构成了空间的整体色彩，这种简单、质朴的配色让来访者不至于眼花缭乱，使其将更多注意力放在空间、水纹和灯光的表现上。

卡鲁索·圣约翰 (Caruso St John)

项目名称
砖屋 (The Brick House)

地点
英国, 伦敦

时间
2005年

设计方
Caruso St John 建筑事务所

这个项目位于伦敦市郊, 基地的三面都已经被规划限制, 基地位置颇具挑战。Caruso St John 建筑事务所被委托于此处设计一幢私宅。设计使用了混凝土材质的天花板、玻璃和砖墙砖地, 材料的简洁明了反而促成了空间的多样变化。设计师用传统的砖砌纹样和肌理为建筑物营造了多变的室内空间。

砖墙的设计既参照了伦敦地区传统的建筑材料样式, 又添加了现代的元素, 并且纹样随着空间的过渡而变化, 就如同各个空间之间的联系纽带。

砖墙可能会让人觉得室内氛围又冷又不舒服。为了改变这个感觉, 设计者充分考虑和控制自然光线, 使砖墙的材质显得温馨、暖和, 就如同营造了一个类似"洞穴"的宜居环境。不同的墙面打破了建筑的大体量, 使空间给人更加轻盈的感受, 强化了"家"的感觉。

对页图
就像这个罗马的巴洛克式礼拜堂, 尽管位处市井之地, 室内却是一个与尘世隔绝的逍遥之所。
—— 卡鲁索·圣约翰

下图
整体空间的大剖面图。

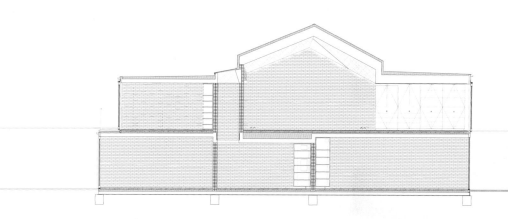

从建筑的外形上看，人们很难想象其内部空间。事实上，这种自由、柔和的外观，就像是从其内部迸发的力量，从屋顶和墙壁发射出去，与周边的建筑相抗衡。建筑的墙和地板，无论是室内还是室外，都是砖砌的。整个建筑被同一种材料围合，就像是一个被包裹的躯体，所有构造方式都强调了其表皮一样的特点。

——卡鲁索·圣约翰

混凝土和黏土材质的材料（例如砖或是瓦）都是欧洲建筑的主要结构材料，所以政府和企业都很重视这些材料的环保利用，并且制定了相应的实施策略。就像前文所述，这些材料从古至今就是建筑的主角：它们坚固而且耐用，切实发挥过作用也广为人知。放弃使用这些材料是不现实的，对我们来说，更加负责任地使用这些材料是更好的选择。

持久性是一种可持续的固有属性：砖石、混凝土建筑的寿命确实要比木质建筑的长很多。

无论是石材和砖的原始形态，还是其已经被重组和合并的形态，它们其实都是可循环使用的，也是可以回收的。混凝土的再次使用就比较麻烦，当然我们可以用回收的混凝土块作回填材料。

Gore Design Company of Arizona承诺自己是一家负责任的公司，他们在混凝土的使用上秉承以环境为先的理念。在使用水溶性封口的基础上，他们将挥发性有机化合物的污染降到最低；颜料中不含任何重金属；多使用可循环使用的材料，例如粉煤灰，而减少波特兰水泥的使用量，同时产生的二氧化碳也随之减少。

运用在建筑结构上的新型材料，可以和天然的砖石有同样出色的表现：坚固，可用于建造模块化结构，但是却不需要向大自然索取成吨的资源。

在提取和处理那些天然材料的过程中所消耗的资源和能量也可以节省下来：石材加工所需的消耗也许是合理的，但是砖块和陶瓷品加工过程中的巨大消耗，却是有待商榷的。

最后一点也最重要，所有的材料都是直接或间接来源于自然；它们本身或是其提取物或多或少地都将会影响环境和生态。如果我们认为建筑师在表达自己的设计创意时使用这些材料是合理的，那些天然的纹样和质地也是设计所需要的，那么我们在使用过程中就要保证做到谨记责任，多加考虑。

石材、砖和混凝土

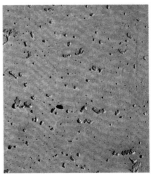

无论你对可持续发展和生态持怎样的观点，我们都不得不承认对于天然材料资源的使用必须是高效且谨慎的。这一节中所介绍的设计师对传统材料和工艺进行了重新审视，用现代手法展现了它们的可创造性和美观性——这也是当下前沿室内设计的基本手法。

对页图
由于没有受太阳光的破坏性影响，雪花石膏为环境营造出温暖、柔和的光线效果。这不仅与教堂的日常氛围相呼应，而且（或许更主要的是）体现了光在一个天主教堂中所具有的重要性和象征性。

韦纳贵妃椅（Weinerchaise）

项目名称
韦纳贵妃椅

时间
2009年

设计师
安迪·马丁（Andy Martin）

可能有人会想，砖块就是砖块，再怎么创新使用方法，也还是有其自身局限的。而设计师安德·马丁就重新诠释了砖的用途，从图片上看来，这个作品是室内的必需品：一张椅子。

当然，韦纳贵妃椅的引人注目之处在于：它让人们开始重新审视砖这一最基本建筑材料的用途，而不是去关注它本身有多么舒适。

上图
经过挤压、线切割，砖块先用树脂粘合剂在一个模具里面精确定型，然后再由手工加工成设计师所期望的形态。

石材、砖和混凝土

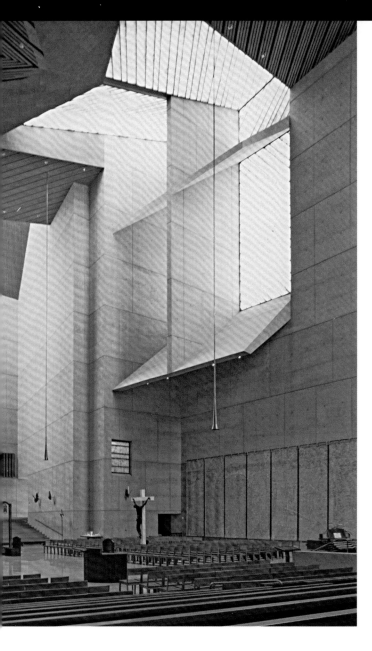

天神之后主教座堂
（Cathedral of Our Lady
of the Angels）

项目名称
天神之后主教座堂

地点
美国, 洛杉矶

时间
2002年

设计师
拉斐尔·莫尼奥（Rafael
Moneo）

我们在前面章节已经了解到, 空间设计所用的体量材料在历朝历代都受到社会和经济因素的影响。同时, 技术的发展也使得同一种材料比起以前有了更多的表现方式。很多现代主义设计师开始重新重视石材、砖和混凝土所表现出的特质。

这引发了对诸多材料的创新性运用, 不但创造出新的空间, 也呈现了材质永恒持久、历久弥新的的特点。

西班牙设计师拉斐尔·莫尼奥设计的天神之后主教座堂使用了薄片雪花岩, 高透光率石材让自然光线更加明亮地映衬在混凝土质地的墙面上。

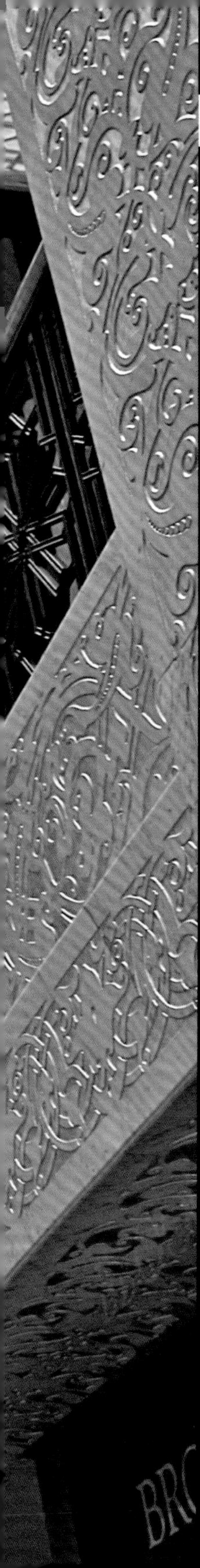

　　时至今日，人们恐怕很难想象没有钢铁作为建筑和空间的结构材料该怎么办。环顾四周，我们时时刻刻都能见到金属和玻璃的建筑构件，很多情况下，它们就是生活的一部分。金属被用作建筑材料和科学技术的发展以及因这些发展而增长起来的社会需求有着千丝万缕的联系。金属的持久、耐用和美丽的光泽是人类选择这种材料最原始的出发点，而金属材料的出现也使建筑得以向高度更高、跨度更广、质量更轻的方向发展。

项目名称
鲁克里大厦（Rookery Building）

地点
美国，芝加哥

时间
1888年

设计师
丹尼尔·伯纳姆和约翰·韦尔伯恩·鲁特（Daniel H Burnham and John Wellborn Root）

鲁克里大厦室内设计中精致的铸铁纹样已经成为知名的经典格形装饰图案。

石材·砖和混凝土／**金属**／木材

人类使用金属已经有数千年的历史，但是大部分时候，人们使用金属材料的目的都是为了打造所谓的"精致的物件"，如金器和银器，以及它们略微廉价一些的"兄弟"——青铜器和黄铜器。金属易提炼，具备良好的延展性、持久性，还有最重要的美观性，这些元素成为人类历史上使用金属的最早考量。因为它们固有的特质，金属很早就成为各种财富的代名词，直至今日也依然如此。金属被大量地运用于货币、珠宝和首饰制造，艺术设计，以及建筑装饰。宗教场所、政府、权力和财富机构——这些机构可能是公共服务机构，也可能隶属于个人，但都是最重要的一些场所——通常会选用金属材料作为装饰，用金属特有的色彩和光泽来吸引大众。

对页图
布拉德伯里大楼（Bradbury Building），美国，洛杉矶，1893年
这个布置在中庭空间的铸铁楼梯是铸铁工艺第一次运用在摩天大楼项目中。

工业革命时期

从公元6世纪开始就有人类将熟铁浇铸成武器或是制成首饰的记载；18世纪，人类学会用熟铁制造火炮筒。但是直至18世纪70年代末，铁才开始运用于建筑结构上，例如达比（Darby），佩因（Paine）和特尔福德（Telford）等工程师开始在桥梁结构中使用铁。在建筑中使用铁取代石材、木梁和柱子，使得建筑结构得以拥有更大的跨度和更开放的空间，与工业产品也可以更好地结合使用。那个时代的建筑师和工程师还很难区分木材、石料与钢铁的特质，也还没有意识到一次材料革命就在眼前。在整个工业革命时期，木材、石料的装饰方法被复制到铸铁装饰工艺当中。

利用早期大批量生产技术来进行铸铁锻造，意味着钢铁结构构件实现了数量批量化、质量标准化的制造过程。这也意味着大尺度、大体量的工业厂房设计可以在短时间内迅速完工。这一时期有一个标志性事件，就是1851年在英国伦敦世界博览会上展出了水晶宫（Crystal Palace）。这个钢铁结构的大型作品由约瑟夫·帕克斯顿（Joseph Paxton）设计，面积达92000平方米，却只用了17个礼拜就建造完成。

维多利亚时代

维多利亚时代经济和社会的繁荣主要取决于工业产品及其衍生品的生产。工业产品成批量、大规模的生产可以快速地提供建筑构件（例如柱子和梁），与此同时，整个大英帝国都在发展工业，这也激发了对大存储空间和工作厂房的需求。

日益壮大的中产阶级队伍成为工业产品最大的消费对象，在销售工业产品的过程中也需要新的材料和技术来建造前所未有的零售空间。购物行为在18世纪末、19世纪初开始成为一种社会活动。在用钢铁和玻璃精心建造的维多利亚风格的建筑里，出现了大量的商店，也聚集了大批的消费者。自然光线透过玻璃照射到室内，这让人们能一直有一种在室外的敞亮感，也保证了无论室外天气如何，都不会影响室内的购物和交易活动。

1857年，随着第一部载人电梯的安装使用，以利沙·奥蒂斯（Elisha Otis）让建筑有了向空中发展的可能性。钢铁作为建筑的支撑结构，使建筑进入了摩天大楼时代，而奥蒂斯所发明的电梯使人们能够密集生活在高层建筑中。这一点在维多利亚时期之前是无法想象的。

金属

唯美主义运动

从19世纪中期开始，钢铁成为大部分商业建筑和工业建筑的结构材料，而它们作为室内装饰材料的运用也相应地开始增多。与历史上一直将金银作为财富和地位象征的观点不同，钢铁是以铁匠的技术、手艺和诚实作为评判标准的——正如唯美主义运动时期所崇尚的原则。随着建筑的钢结构日趋合理，金属的重要品质也完美地呈现在室内装饰中。

当权者对于空间再也没有原先的限制，工匠们可以根据各种材料的固有本性做各种设计：或是调整镀金表面的光泽，或是暴露锻铁的粗糙冷色表面，或是塑造金属对接所生成的环状纹理——细节触动感观，设计创造的物理过程也成为难忘的纪念和回忆。

上图
西雅图梅西百货公司
（The Macy's），
美国，西雅图，1890 年
从19世纪末至20世纪初，青铜质地的花格形图案被广泛使用在各种建筑物中。

对页图
施坦霍夫教堂（Kirche am Steinhof），奥地利，维也纳，奥托·瓦格纳（Otto Wagner），1907 年
圣坛及其上方的华盖是维也纳分离主义镀金铜艺作品的典范。

历史和背景／国际经典案例

左图
圆环咖啡厅（Ring Cafe），
德国，德累斯顿，1960年
许多现代主义建筑的结构都有
由钢铁、水泥和玻璃组合而成
的特点。

对页图
钢铁酒吧和烧烤店（Steel
Bar and Grill），澳大利亚，
悉尼，黄金时代设计事务所，
1999年
餐馆的洗手间完全采用不锈钢
的装置及粉饰。

现代主义

现代主义时期，使用钢筋、混凝土和玻璃的组合成为建筑的主要特点。最常用的方法就是利用瘦长的钢结构来支撑楼板，而用大片玻璃围合顶层与地板之间的空间。

金属材料在室内的运用也反映了建筑的合理性和功能化：清晰的线条和干净的造型成为建筑的构造元素，例如扶手和门。为了充分体现美学的理念，但是又能同时避免繁复的装饰，现代主义的设计师充分利用了工匠们精心雕琢的细节构造和材料本身所呈现的外观。

后现代主义和当代主义

因为合金工艺的发展和制造方式的进步，合金已成为一种可以适应室内装饰需求的材料。传统上来看，金属材质的文化含义很模糊，通常表现出坚硬、冷漠和不友好的室内氛围，并不是室内设计材料的自然之选；而在今日，金属材料作为覆盖和包裹材料已经大量地应用于建筑作品中。

从前被认为权力和财富象征的金和银，现在看来简直是一种"低俗的品位"；作为从前金、银的替代品，现代设计多使用不锈钢衍生产品、铬、电镀铝材来作为饰面材料。工艺以及材料的固有特性表现为形态上的可塑造性，可延展、可锻造、可以添加纹理或是用涂料粉饰表面等，这些被机器美学所赋予的特性就如同化学反应过程中的无菌制品（微生物无法生存），个体差异已经被完全抹去。

高层办公建筑的主要特征是什么呢？那就是高耸，建筑本身必须很高。这是当权者态度的体现，也是提升荣耀和骄傲的手段。每一英寸都要充满自豪感，从基座到楼顶的垂直高度不断增加，没有任何方向上的偏移。

——路易斯·沙利文（Louis Sullivan）

金属作为建筑物的结构材料在我们身边已经非常普遍了。我们生活所处的环境大部分都是由这些结构支架建造起来的，但是通常会将这些结构用一些其他的材料覆盖或是包裹起来。这一节的室内作品主要着重于体现金属材料的自然本性对空间的影响——材质、表面涂料、强度和延展性。表面质感和装饰的需要赋予金属材料很大的表现空间，材料本身可弯曲、可扭转、可捶打、可卷曲、可锻造的性能，都将在下文所述的案例当中一一展现。

罗伯特·阿特金森 （Robert Atkinson）

项目名称

《每日快讯》大楼 （The Daily Express Building）

地点

英国，伦敦

时间

1932年 （2002年由John Robertson建筑设计事务所重修）

设计师

罗伯特·阿特金森

《每日快讯》的总部大楼原始方案是由埃文·欧文·威廉斯 （Evan Owen Williams，1890—1969年） 设计的，这个方案曾经是伦敦艺术装饰设计的一个典范。建筑外观采用了深色玻璃搭配瓷砖和铬条，角头窗户采用倒角，很好地体现了《每日快讯》的精简风格和左倾进步倾向。其室内设计充满了材质和设计的对比。苏格兰建筑师罗伯特·阿特金森受好莱坞电影影响，设计了一个镀金的星形爆炸图案，并用银质的叶片围绕在周围作陪衬，而材料加工工艺是由雕塑家埃里克·奥莫尼尔 （Eric Aumonier） 完成的。

钙化墙、黑色大理石、闪亮的金属线脚组合在一起，蓝黑相间的波状纹样由绿色窄条纹巧妙分割作为地板图案，再加上微妙的灯光设计，来访者一进入这个空间就可以感受到报纸的魅力和时代的意义。

迪恩和伍德沃德（Deane & Woodward）

项目名称
牛津大学博物馆（The Oxford University Museum）

地点
英国，牛津

时间
1860年

设计师
迪恩和伍德沃德

由于当时这个学校的当权者非常青睐古典主义设计，约翰·拉斯金在材料和装饰上的手法深深影响了这个新哥特式的博物馆的设计。为了尽可能地让自然光照射到室内，也为了充分使用当时的技术，E．A．斯基德莫尔（E A Skidmore）对最开始设计的钢铁玻璃结构进行了重新设计。这个新博物馆堪称铸铁工艺的一个范例——轻盈的结构，开敞的室内空间，既可以展示大量维多利亚时期的收藏品，也可以容纳大量的来访者。

铸铁工艺在装饰和细节上的运用也使得建筑物的结构本身成为博物馆展示的一部分。树干状的铸铁分布在拱肩和柱子顶端，图案内容包括梧桐、胡桃和棕榈。

在这幢建筑物内工作的时间越长，我就越觉得装饰着树叶状铸铁的顶梁柱使博物馆在二层的位置看起来如同一片森林一般。你要是不盯着看的话，有些时候，你会感觉这些植物是活的，而且还在生长。

——弗洛拉·贝恩（Flora Bain）

对页图
阿特金森设计的入口大厅（由John Robertson建筑设计事务所于2002年重修）。

上图
维多利亚哥特复兴式风格，结构和装饰结合，与周围材质相呼应。

历史和背景／国际经典案例／可持续发展

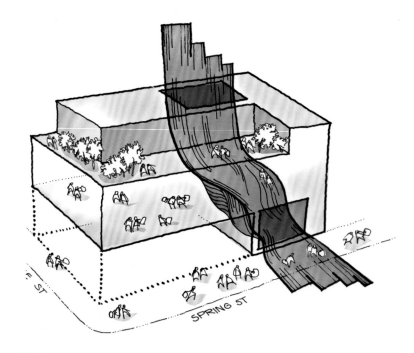

Heatherwick工作室

项目名称
珑骧旗舰店 (La Maison Unique
for Longchamp)

地点
美国，纽约

时间
2006年

设计方
Heatherwick工作室

这是一个已有Soho的改扩建项目，Heatherwick工作室将"景观楼梯间"的概念引入其中。通过切出一个三层贯通的空间，将自然光线引入室内，临街面的一个小型入口成为这个贯通照射空间的收口。因为采用了钢结构，也方便了一些有磁性产品的展示；自然光从这个空洞照射进来，随着楼梯"顺流"而下。这些设计都使得这个"景观楼梯间"的装置店铺具有销售功能性的一部分，而不仅仅是一个可抵达各楼层的通道。这个楼梯间所发挥的作用就是"让日光倾斜而下，让顾客欣然而上"；钢结构和玻璃扶手让人不可避免地联想到珑骧品牌下知名的各种服装织物和时尚单品。

上图
Heatherwick工作室利用这张示意图来显示这个"景观楼梯间"是如何贯穿整个三层建筑，并且将人流引入室内，体验产品并最终引领他们到屋顶花园的。

对页图
这个楼梯间装置一共使用了55吨的热轧钢板完成制作。

……利用地形巧妙地将走道、楼梯平台
与台阶融为一体的设计安装方式。
——Heatherwick工作室

可持续发展

材料是一种有限的资源，因此对于材料设计与使用的有效性是可持续性设计的关键。当代计算机技术的发展使工程师与设计师得以采用"从摇篮到摇篮"的理念，创造性地设计出材料使用最省、跨度更大的高效结构，从而实现开放而灵活的室内空间形态。

再高效的使用，也会在金属材料达到使用年限时面临回收利用问题。特定金属拥有特定的美学特质，例如不锈钢拥有用途广泛、表层处理形式多样、使用便捷的特点，这些特质衍生出了各种优美的、同时又能体现设计师和使用者环保意识的室内设计。

专门从事不锈钢回收的澳大利亚Korban/Flaubert工作室坚持认为不锈钢因其使用寿命长、百分之百可回收利用以及抗腐蚀的性能可比其他材料更为持久，同时还因其不需要昂贵的表面涂料而能够降低成本以及减少化学污染。

迈阿密的Project Import Export工作室是一个跨学科的工作室，他们承诺使用可持续的、可循环使用的自然材料，同时所选用的材料在生产过程中不会被添加任何有毒的添加剂。他们设计不锈钢、铝质家具时采用的都是回收利用的金属条板，时刻秉承着"从摇篮到摇篮"的设计理念。

在大众市场中的室内设计产品，比如地板、隔墙、浴室厨房模块等都充分地使用了各种各样的金属材料，比如轻质型钢与铝条。很多当代钢结构建筑都将方便建造以及易于拆解作为设计的一个关键点，同样，设计师也考虑到了未来潜在的扩建可能性。

在建筑行业中，工程师、建筑师与室内设计师需要继续在设计的高效性上下工夫，在制造和使用金属的时候尽量降低造价和能源消耗，同时最大力度地发掘各种材料的潜在特质和用途。

金属

046+**047**

国际惯例／**可持续发展**／创新和未来

在大型建筑中钢结构使用广泛，在室内装饰设计中钢铁材料也同样得到了重用，与建筑设计相呼应。各种形状的表现，丰富的质感和纹理，以及作品与空间视觉和听觉的完美配合，这些都是金属作为内饰材料的重要特质。这里将展示一个比较特别的案例，该案例的设计师巧妙地利用了金属最本质的特性，效果出奇制胜、反响非凡。

下图
与艺术设计师帕·怀特（Pae White）合作完成的大礼堂舞台幕布。

金属箔的质感俘虏了观众的目光。金属箔仿真的反射效果是一种深度的幻觉、一个全新的样式，完全出乎观众的意料，也是对人类感知的一种挑战。

——帕·怀特

挪威皇家歌剧院（Royal Norwegian Opera）的金属箔质感帷幕

项目名称
挪威皇家歌剧院的金属箔质感帷幕

地点
挪威，奥斯陆

时间
2008年

设计方
Snøhetta建筑事务所和艺术设计师帕·怀特

在确定歌剧院应满足客户要求的情况下，设计的最初阶段就明确了设计理念：三个分析示意图贯穿整个设计过程——"波浪状的墙""工厂"和"地毯"。作为歌剧院独特的设计元素，建筑师看到的是一个"工厂"，是一个最终产生歌剧院的生产设施，需要合理地规划和使用材料。铝质材料包覆着各个区域。

位于主礼堂的舞台幕布被看作是一个重要的"门槛"，而"工厂"（和相对应的设计处理）的目标是满足市民的需求。帕·怀特之前从事的主要是无纺布纺织品设计和光线与光学效应设计。她采用数字图像处理研究金属箔片对观众席的灯光和颜色的反射效果。这些图像被传输到一个计算机控制的织机里，然后织机根据这些图像生成帷幕。帕·怀特和她的金属箔片帷幕成功地在二维表面上实现了一个戏剧性的、立体的、雕塑的效果。

　　1753年，法国建筑学家马克安托万·劳吉埃（Marc-Antoine Laugier）在其发表的文章《测试架构》（Essai sur l'Architecture）中提出："原始木屋"（primitive hut）是人类为满足基本的生存庇护要求所做出的本能回应。无论我们是否将劳吉埃的观点视为最早的建筑理论，木材都被广泛地认为是最基础的一种建筑材料。数千年来，尽管使用工具并没有多大的改变，人类却已经成功地掌握了砍伐原木、加工改造以及制作成型等一系列技术，将木材运用于建筑和艺术设计之中。根据木材的产地、属种和质量的不同，再加上木材加工的多种技术，这些木质建筑和艺术作品呈现出了各自的多元化、实用性和美学价值。

项目名称
安大略艺术馆（Art Gallery of Ontario）的楼梯
地点
加拿大，多伦多
时间
2008年
设计师
弗兰克·格里（Frank Gehry）

兰克·格里重新设计了安大略艺术馆的楼梯，极富美感地显示了木材作为一种建筑材料的潜力。

金属／木材／玻璃

和我们在第一章介绍的石材一样，木材也是一种天然的资源。木材经过重塑和加工，不仅可以用作建筑结构，还可以作为一种室内设计的元素，可谓艺术性和功能性合二为一。然而与石材不同的是，木材易腐。尽管不少历经数百年的木质建筑或构建物至今依旧屹立（这主要是基于建筑或构建物所在地的气候和自然环境），但是更多的古代木质建筑早就消失殆尽了。由于在经久耐用这方面的表现不尽如人意，木材通常被用来建造一些不太重要的建筑，而重要的建筑通常采用石材，这样会比较坚固耐用。但是值得注意的是，日本的佛教建筑是一个例外。这些佛教建筑中，有一部分存在的时间甚至超过了一千年，基本上是现存世界上最古老的木质建筑了。

另一个原因，木材比石材更易于切割，从而便于加工成容易拆装和使用的构建尺寸。由于木材有此易于加工的特性，在实际建造过程中，几个人甚至一个人就可以完成一个木质建筑。一些土著居民，例如北美洲的纳瓦霍人，他们用处理过的粗树干做结构，糊上树皮和泥土制成不透风雨的墙和屋顶，搭建一个简单但是实用的家。

右图
纳瓦霍人的房屋内部［他们称之为"霍根"（hogan）］
纳瓦霍人的房屋是由粗树干构建的一个锥形建筑，外墙糊上树皮和泥土以抵挡风雨。通常他们的房屋入口朝向东面，这样每天早上阳光都可以照射进纳瓦霍人的家。

早期历史

　　腐烂、真菌和蛀虫等问题并没有减少木材作为建筑材料的使用。人们恐怕很难忘记，在很多著名的石质建筑遗迹里面，木材用作屋顶、内部隔墙、门窗以及精心雕琢的装饰性物件，历经千年却保留了下来，正是这些元素营造了当时的居住空间。这些保留下来的重要建筑传递出最有力的信息，从中不难看出木材的结构承重质量和美学欣赏价值，同时也营造了最具氛围的室内空间。中世纪出现的大量教堂建筑，其标志性的高耸尖顶完全归功于当时木匠的巧夺天工。虽然教堂建筑用了数以万吨的石材，但是尖顶内部却是用木材搭建支撑结构的。教堂长凳、圣餐台、唱诗班席位、圣坛、十字架坛的围屏以及最引人注目的穹顶，均是使用木材加工雕饰而成。这些内部装饰不仅仅是木质艺术的展现，更是为基督教堂的礼拜活动创造了功能性的场所。

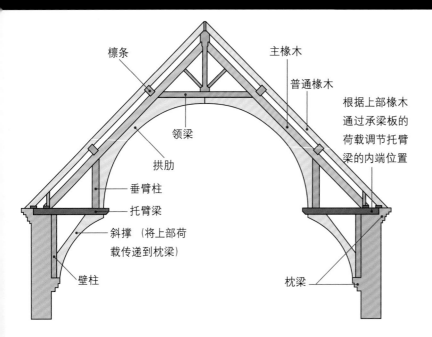

檩条

主椽木

普通椽木

根据上部椽木
通过承梁板的
荷载调节托臂
梁的内端位置

领梁

拱肋

垂臂柱

托臂梁

斜撑 （将上部荷
载传递到枕梁）

壁柱

枕梁

木质结构相对经济的特点意味着它在日常生活中可以被广泛运用。有趣的现象是，无论是在建筑内部还是外部，暴露在外的木质结构方式都是简洁明了的，而一些被包裹起来的结构方式却更加复杂。后者通常建造费用更高，主要存在于一些石材或是砖质的建筑当中。

教堂沉重的屋顶需要将自身荷载向下分配并传递，基于这点，建造教堂的木匠创造了托臂梁屋顶这种结构方式。与石质的教堂穹顶一样，这种托臂梁屋顶也能够满足大跨度的要求，通常的做法是在屋顶上部加一条领梁。

几百年来，建造者对于木材以及其构造方式和结构理论的理解不断在完善，然而加工木材的工具却基本上按原样沿袭了下来，几乎没有大的变化。

上图
托臂梁屋顶示意图
上图显示了托臂梁屋顶的主要结构以及荷载传递方式。

对页图
农作物储藏仓库，英国，布拉德福德埃文河畔，14世纪早期
如该图所示，相比于已经退出历史舞台的石质屋顶，木质屋顶结构是一种更经济和简单的结构方式。

讨论：
中世纪的结构方式
在中世纪的许多建筑案例中，木质结构很反常地被暴露在外，为世人所见（之前大部分建筑中的木质结构都被包裹或是隐藏起来的）。

● 在现代建筑中，作为结构的材料是如何展现出来的？

● 目前，哪些材料是常用的结构材料？

木
材

文艺复兴时期，乔治王朝时代和摄政时期

与本书介绍的很多其他室内空间和建筑一样，无论是木质建筑还是石材建筑，其艺术性和手工工艺加工都是为最重要的构建物保留的，而这些构建物多是为统治者和教会服务的。文艺复兴时期的富商和名人都希望用奢华的装饰装点自己的住宅。独具一格且精妙绝伦的木质工艺为他们美化家宅提供了多种可能，而意大利的文艺复兴为此提供了机会。

马赛克镶嵌工艺和拼花地板工艺在16世纪的佛罗伦萨和那不勒斯蓬勃发展。这两种工艺都采用了非本地产的薄板木材（另外还包括缟玛瑙、碧玉石和青金石）来制作木质物件和家具，而镶板主要是用来拼接花纹和图案——拼花地板主要是采用几何图案设计，而马赛克则多用于拼接室内装饰画。工匠通过精切、打磨、染色等工艺，以及对木材纹理的平衡和镜像处理来创造错综复杂和丰富的视觉设计。正是因为木材的运用如此广泛，这些木材的加工工艺才一直流传至今。

随着工业革命的到来，建筑需要为日益繁荣的贸易和工业服务，同时也要维护至高无上的皇权，而大型铸铁工艺的发展还需要时日，所以乔治王朝时代的欧洲摒弃了过繁的建筑装饰风格。先前中世纪的工匠所取得的成就将这一时期

的木质工艺水平推向极致，他们创造出的一些宏大精美的建筑空间，人们至今仍在使用。

> 我不喜欢可以复制的东西。木材本身是不起眼的，但是木质的东西确实是简单、朴实而独一无二的。
>
> ——乔治·巴泽利兹（Georg Baselitz）

上图
3号船坞，
查塔姆造船厂，英国，肯特，
1838年
该空间是一个大型木质框架结构，以铁质基座和转角支撑，上部由方形截面木材构建而成。

右图
**内政部花园（Collingham
Gardens），英国，伦敦，
Ernest George and Peto
建筑工作室，19世纪80年代**
在安妮女王晚期复兴的维多利
亚镶板。

维多利亚时代和唯美主义运动时期

19世纪末期，随着铸铁工艺的发展，越来越多的重要建筑采用钢结构作为主要结构，木材开始更多地被运用于室内隔墙、建筑配件和装饰设计（尽管木材至今为止都是一种重要的结构材料，但更多是运用于小规模的住宅建筑）。

维多利亚时代 [19世纪英国维多利亚女王在位期间（1837年—1901年）]，复古风大行其道。中世纪建筑风格、哥特式尖屋顶、圣坛的炫目围屏以及雕花工艺大量地被运用在这一时期的宗教、市政建筑和建筑室内装饰中。

在维多利亚时代，采用木质镶板的室内装饰风格受到大批富有中产阶级的追捧，他们青睐木材朴质怀旧的装饰感觉，用大量的木镶板和木质拼接来装饰他们的豪宅。在20世纪30年代的英国市郊，这种风格尤为盛行。

现代主义

在维多利亚时代，复古风得到皇室和整个社会的青睐，正因为如此，这一时期的艺术和工艺运动也朝着更加质朴纯真的方向发展，木材加工工艺和室内装饰风格重新回到了传统道路上。但是到了20世纪初，由于机械工具的介入和新材料的诞生，木材的加工和使用增加了许多充满现代感的创意。

为了使昂贵的木材装饰更加经济，木料加工工业一直在不断发展。通常我们在生活中最常见的木质材料就是复合板。复合板是用一层层薄模板粘合起来的，它非常坚固，可以防潮和防止蛀虫，最重要的是，复合板比天然木材更坚固且不易变形。当采用高质量木材或是硬木作为复合板面层时，其使用和装饰效果完全可以媲美纯实木材料。由于复合板便于切割和塑造成各种曲线和三维形状，所以很多推崇现代主义的设计师都倾向于选择复合板来作为室内装饰和家具的材料。

下图
Venesta公司的独立展示台，建筑展览，英国，伦敦，斯金奈（Skinner）和特克顿（Tecton）设计，1934年
这个独立展示台的设计运用复合木板作主要的结构支撑材料。在杰克·普里查德（Jack Pritchard）的领导下，Venesta公司成为当时最开明和新潮的建筑商之一。

当代运用

　　木材来源于植被, 是大自然的产物。许多树木需要几十年甚至上百年时间生长成熟, 才能被加工成木材——这是人人都知晓的常识。本地 (这里是指作者的所在地英国, 译者注) 的硬木品种, 比如橡树和胡桃树, 以及它们的 "近亲" ——生长在热带地区的柚木和桃花心木, 在本章所介绍的许多设计作品中都有令人瞩目的表现。在全世界范围内分布着一些古老的、人迹罕至的森林, 我们在上文中提到的这些树种就生长在这些森林里面。森林植被的健康持续生长, 才能保证这些木材被大量广泛使用在设计上。而还有一些森林植被, 由于人类的滥砍滥伐和疏于管理, 已经荒芜, 无法再为我们提供木料。这些遭受破坏的深林植被, 如果想重新恢复再次利用, 则需要几代人的维护和等待。木材和其他很多自然资源一样, 正在变得越来越昂贵和稀少, 只能小范围地使用, 而更多的情况下, 我们不得不采用相似的替代品, 或是人造材料来满足设计和市场的需求。

　　在现代室内设计中, 木材由于其本身的特质和外观再次成为设计师手中的重要资源, 也被赋予了新的责任和价值。许多设计师, 例如安藤 (Ando)、阿拉德 (Arad)、德·菲欧 (de Feo)、藤本壮介 (Sou Fujimoto)、斯诺赫塔和彼得·卒姆托, 他们在自己的一个或多个设计作品中都使用了木材, 并且赋予木材以特别的质感。曾经的手工匠会对手中的木材细细观赏品鉴, 了解材料

上图
挪威国家歌剧院芭蕾舞团 (The Norwegian National Opera and Ballet), 挪威, 奥斯陆, Snøhetta建筑事务所, 2008年
作为建筑 "看得见" 的元素之一 [还有石材、金属 (铝) 和玻璃等], 木板 (橡木) 被用于强调 "表面", 即将建筑中的不同区域和元素连接在一起。

后再加以工艺处理。而这些设计师的精心之作, 似乎将我们再次带回了那个时代。

我的设计意图是超越作品的表象。我希望看到木材的生长纹理、石材的时间印迹，我希望看到一个城市最自然的一面。我并不仅仅是指存在于城市里的公园或景观，我的意思是，城市本身也应是自然的。城市之中，立身之地、所耗之材皆为自然所赐。

——安迪·戈兹沃西（Andy Goldsworthy）

讨论：

木材的替代品

观察你生活和工作的空间环境，试着考虑以下问题。

- 在这些空间里，有多少物品或表面是由木材制成的？

- 这些物品或表面有多少是由工业加工过的木材（例如复合板、刨花板）制成的？或是非木质的层压板（例如硬纸板）？或是仿造木材（例如用木材纹理的贴图覆盖表层的材料）？

- 你认为是什么原因，这些物品或表面没有选择使用真正的木材或原木？

- 相对于真正的木材，你觉得这些（复合板或仿制木材）物品和表面带给你的触感、气味、纹理和外观有什么不同？

历史和背景／国际经典案例

那些与木材打交道的人，他们对于木材的兴趣以及对于了解木材特质的热情从未减退。木材的触感温和，可以是光滑的、粗糙的，或是充满纹理的。木材的天然纹路展现了它的独特性，而通过精细的机械加工或表面处理工艺，这些天然的纹路会更加明显，甚至会变成另外一种花纹。有些木材本身就可以防火防潮，防止化学腐蚀与昆虫的袭击；还有一些木材，随着被暴露于周边环境，其外观可能发生改变；有一些木材，经由手工匠的加工，被制成漂亮而独特的产品，这些产品往往呈现出错综复杂的纹样或极其精巧的细节。

下面将要展示的两个案例，都是设计者基于对材料的充分了解而设计出来的。其中一个案例是为大家广为熟知的，另外一个案例对大家而言可能较为生疏。这两个作品堪称木材设计的典范，展现了木材最本质的结构形态，并且通过一些加工强调了这种形态。最终的设计效果向我们展现了各种木质的触感、肌理、颜色、气味和声音，这两个设计都使木材从环境中凸显了出来，成为设计作品的主角。

对页图
室内
钢结构支撑，木梁的层叠堆砌。

彼得·卒姆托

项目名称
瑞士馆（The Swiss Pavilion），
"音箱"（Sound Box）

地点
汉诺威·2000年世博会

时间
2000年

设计师
彼得·卒姆托

身为家具生产和组装工匠的儿子，彼得·卒姆托在设计作品中表现出的对材料的尊重和热爱就不难解释了。他的每一个作品以及他所创建的每一个空间，都汲取作品所在地的技术特点，多采用当地建筑材料，呈现出手工的质感。

这个临时建筑瑞士馆原本是彼得·卒姆托献给瑞士的一份礼物，也是他创造的一个"综合性艺术作品"（Gesamtkunstwerk）——这是由作曲家理查德·瓦格纳（Richard Wagner）创造并定义的一个词汇，本义是将表演艺术、音乐、戏剧和装潢综合于一体，展现在戏曲舞台上。

彼得·卒姆托自己说得很清楚，他就是想设计一个极简的空间，为他的"综合性艺术作品"提供展示的舞台。他采用的木料是落叶松和道格拉斯松，这些木材来源于瑞士的可持续再生森林中。可以想象，一旦观众置身于这个空间，周围的触觉、气味和声音都是来源于这些本地的木料，让人能真正"全方位综合性"感受到瑞士的气息。

我们认真地考虑了这次世博会提出的可持续使用理念，在瑞士馆这一设计中使用了 144 千米的木料，每根木料的截面尺寸都是 20 厘米 ×10 厘米，一共加起来有 2800 立方米。采用的木料是落叶松和道格拉斯松，均来源于瑞士的可持续再生森林中。在作品组装过程中没有使用任何胶水、螺栓或铆钉，仅仅是通过钢制拉索结构支撑、木料层层相叠的方式完成的。这届世博会结束以后，瑞士馆将被拆除，所有的木料将会作为陈年木材再次出售和使用。

——彼得·卒姆托

右图

这个住宅空间里面的每一个元素都非常重要。

藤本壮介建筑事务所

项目名称

终极木屋（Final Wooden House）

地点

日本，熊本

时间

2008年

设计方

藤本壮介建筑事务所

木料为设计者提供了无限可能。一般的木质建筑中，木材可以根据功能的需求，运用在各个空间，这正是木材普遍适用性的体现。木材可以做成柱子、梁、地基、外墙、隔墙、天花板、地板、隔断板、家具、楼梯、窗棂等，几乎囊括一切。然而，既然木材用途如此广泛，我们何不尝试着制造一幢建筑，这幢建筑只使用一种元素和手法，但是可以满足所有的功能需求呢？我设想创造一种全新的空间感觉，避免过多的元素和材料，只为展现一种原始和纯真的空间状态。

——**藤本壮介**

日本木质建筑的历史足以让这个国度为之骄傲，直至今日，日本现存的古代佛教建筑中，不少作品都可以算是世纪木质建筑史上最早的一批杰作。随着木质建筑工艺的不断发展和创新，藤本壮介用现代的设计手法传承着这个国家木质建筑的传统。他打破了传统木材功能的界限，将木柱、木梁、木质外墙和内墙糅合设计在一起，从而成功地创造了一个新型的空间模式——每块木料不再是单独的结构元素，同时也提供了特别的空间感觉，鼓励人们在建筑里活动和交流。

和彼得·卒姆托的瑞士馆（见062+063的图片）相类似，大块截面的原木层层堆砌，并以机械工艺固定。极度简洁的结构技术似乎掩饰了孕育这个作品的艰难。设计的关键在于如何将"墙"和"地板"都变成在三维世界中定义空间的"面"。

如同藤本壮介阐述的那样："'墙''地板''天花板'，在这个作品中都界定得不是那么清楚，也无法真正地区分开。你可能认为那是地板，而实际上它也是桌面或天花板，或是另一个空间的墙。楼层平面都是相对的，这完全取决于你站的位置。人们在三维空间中分散，在不同的高度感受不同的空间体验。这是一个近似于模糊景观的地方，空间并没有分隔开来，而是融合了各种元素，以一种随机的方式来组合。使用者可在空间的转承起落中发现建筑的功能。"

设计者对于木材的巧妙使用，创造了一种带有日本风格的"综合性艺术作品"，提供给使用者全方位、多感官的"日式"游览经历。

下图
大型原木截面的堆砌，为使用者
提供了休憩和活动场所。

我想终极木屋不仅仅属于木质建筑的范畴。如果说由木材建造的
房子就是木质建筑的话，那么终极木屋已经超越了常见的木质建
筑的功能和做法，实际上它可以定义为"人类的生活场所"——这
是在建筑诞生以前的一种原始存在。与其说终极木屋是一个新型
建筑，倒不如说它在寻根溯源，探索一种新的建筑存在方式。

——藤本壮介

在上文所介绍的传统和现代木质建筑的案例中，我们了解到木材可以用于为人类建造更加宜居的环境和更多独具一格的空间。然而，木质建筑的建造规模相对而言往往比较小，木材也得从世界范围内寻找——而目前的情况是，可用木材越来越少。胶合板和木材加工工艺的发展为设计师提供了更多可能，使得他们的设计不再完全依赖大量的外来木料品种。然而，新材料的生产和运用也带来了一些问题。

从森林管理委员会（Forest Stewardship Council，一个国际性的非政府组织，旨在促进世界范围内的森林责任管理）的调查来看，许多进口到英国和美国的木材都是非法的，或是未作登记注册的，这些木材的来源遍布全球。

一旦森林遭受永久性破坏，随之而来的全球生态失衡将不可避免。森林管理委员会管理着全球75片森林，试图为每块木材的来源登记存档，以追溯其来源地，从而保证材料商和消费者所拥有的木材都是来源合法的，并且是可再生森林的产品。绿色和平组织（Greenpeace）的报告称，2006年整个英国消费了134万立方米的复合木材，其中75万立方米的木材来源于热带地区非可持续再生森林。

2008年，在高迪杯欧洲学生可持续建筑大赛（Gaudi European Student Competition on Sustainable Architecture）中，来自维也纳大学的两名学生安德烈亚斯·克劳斯·施内策尔（Andreas Claus Schnetzer）和皮尔斯·格雷戈尔（Pils Gregor）以作品《可持续循环使用的避难所》赢得第一名。这个避难所叫做"草木垫房子"（Pallet-Haus），它为使用者提供模块化的节能（能源和水的管道安排在草木垫层之间的空隙中）低耗住宅，对其他材料的消耗量几乎没有。

作为一个商业化的木建筑作品，这个"草木垫房子"不仅显示了简单的、可循环使用的木材作为结构材料的潜力，也创造了一个富于韵律的美好居住空间，而且它功能性良好，对于多种自然环境和气候条件具有广泛的适应性。

创新和未来

我们在前面展示的案例基本上可以看作木材作为设计元素和结构材料在未来一段时间的发展方向。目前在大多数情况下，有限的木料资源、可持续再生林、相关使用规范和木材的产量都影响着设计作品的孕育和完成。随着传统的热带非再生林木材的使用量在不断下降，我们也找到了不少的类似树种，以机械工艺制作而成的复合板也是有效的替代品。因为环境的恶化，森林的减少，天然木材——曾经作为精致工艺品、家具以及室内装饰不可或缺的原料，如今却要由廉价平庸的复合板替代，这真令人扼腕。

幸运的是，娇小尺寸、做工精美的现代主义设计作品还在不断出现。设计师和手工匠通过废物利用和循环使用获得原木材料，依然创造出了许多独具个性的杰作。

涡纹橱柜（Vortex Credenza sideboard）

项目名称
涡纹橱柜

地点
汉诺威，2000年世博会

时间
2008年

设计师
大卫·林利（David Linley）

大卫·林利的这个作品运用的是几何学原理。尽管事实上这个橱柜就是一个很传统的长方形柜子，但它同时还是一个由玫瑰木和梧桐木镶嵌着胶合板制作而成的波普艺术作品。连抽屉表面都绘制了不可思议的纹样，同时也用到了充满动感活力的材料，例如金箔和填充绒。这个涡纹橱柜总体给人的感觉是一件非常艺术而又具有细腻触感的作品。

抽屉组合柜 (Community chest of drawers)

项目名称
组合柜 (Community)

时间
2009年

设计师
罗布·索思科特 (Rob Southcott)

罗布·索思科特的这件作品是由一系列抽屉组合而成的，选用的材料也是他回收的各种废旧木材。这件作品反映了现代社会呈现出的日益明显的多样化特征，同时也是多文化视角的一个象征。

创新和未来／可持续发展

　　玻璃在建筑物和公共空间的设计中占有着非常特殊的地位。可以说，我们用它填补了周围建筑物间的空隙，由此我们生活、工作的空间得以被照亮。纵观历史，玻璃的使用使得光线得以透射进我们所建造的建筑物，生活空间被照亮，其意义远远超越了空间中视线的可达性。早期的玻璃只是做窗户的材料，然而这种由砂、碱性物质和石灰构成的材料早已被广泛使用，尤其是在宗教环境下，玻璃早已成为知识及信仰的传播途径。玻璃可作装饰用，可以裹覆其他材质表层作为饰面材料，还可用以强调空间、材料和结构，让我们得以窥视以往从未见过的建筑构造。在过去150年中，玻璃创造建筑虚空间的能力是建筑设计发展的主要驱动力。而今，玻璃终于成为一种拥有"主权"的材料，创造、支撑，当然也在点亮我们的生活。

项目名称
维多利亚和艾伯特博物馆（The Victoria & Albert Museum）中的吊灯
地点
英国，伦敦
时间
2001年
设计师
戴尔·奇休利（Dale Chihuly）

吊灯的每个部件都是独立手工制作，
最后在现场装配完成的。

木材・**玻璃**・塑料

迄今的考古证据表明玻璃作为珠子和容器早在公元前3000年就已被使用。在公元100年左右的古罗马之前，玻璃作为建筑材料在建筑物中使用并不普遍。可以很夸张地说：在当时玻璃是一种很奢侈的材料，只有在最重要的建筑物中才得以使用。又过了一千多年，玻璃在制造工艺上的发展（从木灰中获得碳酸钾），使其得以普遍应用在重要的宗教建筑和世俗建筑中。

中世纪早期基督教建筑中的玻璃

在11世纪，人们发现在玻璃的制造过程中加入杂质可以生成彩色玻璃。彩色玻璃在12世纪得以广泛应用，通常被用于欧洲的教堂。宗教建筑从厚重的罗马风格，发展到有更多垂直元素、哥特式外观的早期文艺复兴风格。正如在第一章中指出的，随着石匠技能的提高，建筑实体部分的建筑结构被减少到最低限度，例如尖拱的使用创造了更加广阔开放的空间，从而使大教堂有了更高、更宽广的内部空间。

高而竖直的形式被视为通往天堂的意向，石材结构间的虚空空间的扩大让光线更多地涌入空间内部。尤其是当它们用来对当时大部分无知民众描述宗教图景的时候，还有什么比用有色玻璃来填补装饰这些虚空更好的呢？

对页图
巴黎圣母院（Notre Dame）的玫瑰窗，法国，巴黎，1250年
中世纪早期基督教彩色玻璃实例。

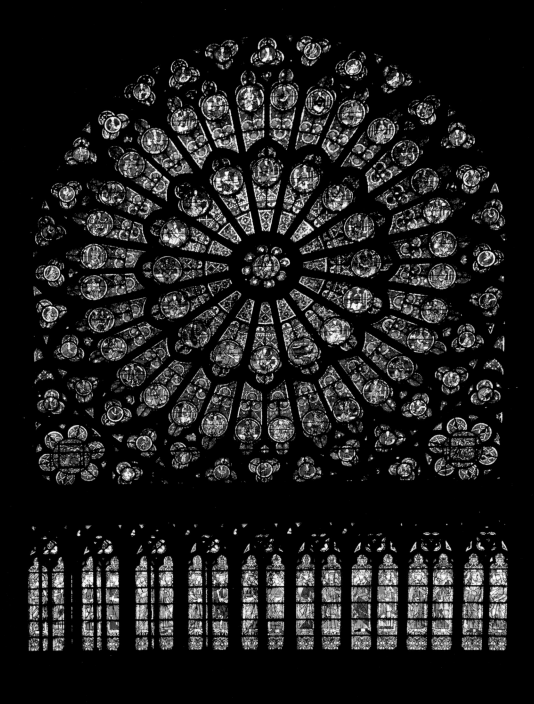

使用彩色玻璃描绘宗教意向, 主要限于基督教。在伊斯兰教中, 对于人类与动物形象的暗喻被广泛拒绝, 宗教建筑通常用经文和古兰经中的引文来作为装饰。透明与彩色玻璃的基本作用在于给礼拜场所带来光照, 但其更重要的作用是让阳光能够照射到清真寺或寺庙内部引人注目的装饰上。

上图
圣索菲亚大教堂 (Hagia Sophia), 土耳其, 伊斯坦布尔, 公元532年~537年
位于顶部穹顶基座的诸多窗户突出了其精心的装饰, 更使得整个穹顶具有漂浮感, 增强了整个空间的宽广度。

工业革命时期和维多利亚时代

　　玻璃和彩色玻璃在欧洲和北美宗教建筑中的象征性使用一直延续到19世纪和20世纪。正如我们已经看到的,使用玻璃来填补结构骨架的做法可以追溯到中世纪的哥特式建筑中。维多利亚时代的复兴热潮,结合工业发展所带来的大规模铸铁结构建筑,使得玻璃的使用达到了一个新的高度。

　　维多利亚人热衷于周游世界收集植物标本,为了保证它们的健康成长,工程师和设计师们一起构建了宏伟的温室,其中许多在今天仍然可供参观访问。铸铁结构(通常也是极尽装饰过的)取代了哥特式石材结构,使得玻璃第一次可以在数量上超越支撑它的结构材料。

上图
英国皇家植物园(Royal Botanic Gardens),棕榈树温室,英国,基尤,德西默斯·伯顿(Decimus Burton),1848年
这个充满维多利亚魅力的建筑中生长着来自世界各地的植物,而其保持物种起源栖息地环境的需求,也成为了现代工业技术与优雅的维多利亚风格嫁接的完美机会。

历史和背景／国际经典案例

上图
皇冠酒吧酒会，贝尔法斯特，
英国，1885年
华丽的室内面砖，木质装饰和蚀
刻玻璃特写。

玻璃的透明感为维多利亚的建设者们所喜爱，同时玻璃的象征意义也得到人们的关注。在当时这样一个社会行为一贯严格的时代，玻璃通常以较小的尺寸存在，用以影响控制人的行为。在当时酗酒是很让人讨厌的事物，而公共建筑中通常安设精致的装饰，如镂空雕琢的屏风或窗扇，其实就是为了含蓄地保护有礼节的上流社会不被酗酒的乌合之众所破坏。

一些令人感到沉重的建筑物，比如监狱或劳教所，也在空间与建造方式上反映出了社会改造与宗教改造的意义。

当我们观看现代建筑中的玻璃时，也常常可以发现这样的象征性内涵。

唯美主义运动时期

唯美主义运动时期的艺术家和设计师对于玻璃的象征性并不关注。在他们看来,成功的装饰只不过是简单并用正确地方式使用了材料。也有拒绝使用复杂混乱的维多利亚设计语言的设计师,比如莫里斯(Morris)和沃伊齐(Voysey),更关注于将光、玻璃与色彩的相互作用引入了他们未完成的项目中去,并关注这种相互作用所带来的效果。

上图
芝加哥文化中心 (Chicago Cultural Center),美国,芝加哥,1897年
普雷斯顿布拉德利大厅的蒂凡尼玻璃穹顶。

也许最负盛名的玻璃装饰艺术家当属路易斯·康福特·蒂法尼 (Louis Comfort Tiffany)。因受莫里斯与艺术和工艺运动的影响,蒂法尼接受了美术教育。他很快发现了自己对玻璃的极大兴趣,并在19世纪末期 (1882年) 作为室内设计师因为白宫设计的玻璃屏风而扬名,而今他已有众多著名的作品。1885年12月1日,第一蒂法尼玻璃公司成立,并在1902年成名,被称为蒂法尼工作室。

历史和背景／国际经典案例

现代主义

　　有什么能比玻璃和玻璃、钢材、混凝土的结合能更好地体现现代主义的理念呢？正如我们所看到的，在一千年断断续续的发展进程中，建筑结构也越发简化：苗条的混凝土板以纤细的钢结构支撑，结构呈现漂浮态。室内空间与周边环境间的屏障得以溶解，最终仅存一层薄薄的玻璃。

　　是科技的发展使得建筑设计能够实现这样的效果。玻璃被紧密地安装在钢结构与钢筋混凝土上，自然光前所未有地大量涌入建筑内，使空间得以被最大限度照亮。

上图
法恩斯沃思住宅（Farnsworth House），美国，伊利诺斯，密斯·范·德·罗厄，1951年
看上去室内与室外景观之间似乎没有"墙"的存在。

事物之美不仅仅存在于其本身, 也在于其所投射的阴影之中, 在其创造的明与暗之中。

——谷崎润一郎（Junichiro Tanizaki）

后现代与当代主义

在1993年, 谷崎润一郎写过一篇有关美学的文章:《阴翳礼赞》（*In Praise of Shadows*）。在文章中他考察了西方对于光线与清晰度的不断探索——当今建筑与室内设计中经常体现的现代主义理念。当时, 谷崎润一郎认为在东方有着对光更深入的理解。在他看来, 历史上对于光与影的一切形式早有更高层次的赏识, 物件与室内环境的构建本就是基于不断变化的自然光条件完成的。

在设计全球化的今天, 可以说随着大面积玻璃的使用, 长期被遗忘的光正在压倒性地主宰着我们的空间。我们就好像生活在一个开放的大舞台上, 而世界就是我们的观众。

现在科技使我们能够使用和欣赏拥有稳定性能的玻璃所带来的结构性的效果: 而今它凭借自己的能力被当作独立的建筑材料使用, 而非仅仅是一扇窗户。

千百年来，我们已经看到工匠和设计师们用玻璃和光的交融创造的那些引人注目的美丽室内空间。下面这两个项目利用光和玻璃的关系，以最大的效果，创造了将五千年以来玻璃给我们带来的轻盈、细腻、神奇与灵性等一切包容在一起的装置。

左页图
最终呈现高30米的雕塑

下图
集结的玻璃球

底图
计算机图形显示雕塑在空间中的位置及必要的支撑结构概念。

Heatherwick工作室

项目名称
比利时威康信托基金会（The Wellcome Trust）

地点
英国，伦敦

时间
2005年

设计方
Heatherwick工作室

国际生物医学研究慈善机构威康信托委托Heather-wick工作室设计他们新总部大楼中庭的雕塑。这个中庭高8层，下方是一个水池。设计有两个基本考虑条件：高度和水。设计师想体现水体落下时的动态形状。此时设计师联想到了欧洲中部的新年活动"未来预测"，人们把熔化的铅球投到水里，根据其最终形成的形状预测他们来年的财富。

经数字化计算不断复制元素，最终的作品达到了30米的垂直跨度。27000条高强度钢丝悬挂着142000个玻璃小球。玻璃小球本身颜色是不变的，凭借夹在玻璃球内的小色片转变外观色彩。

因为是在建筑建成后才被委任设计这个雕塑，所以设计师不得不考虑周边的框架限制——雕塑的元素不得不通过有限的门洞运抵现场，并在现场组装。

设计和建造过程中的技术专业性和结构复杂性使最终成果有着惊人的效果。看似简单的连接，自然文化元素、物理构造过程、材料、结构、技术和光线等的添加和协调，示范了一个典型的设计过程，对于室内设计专业的学生来说是一个相当好的范例。

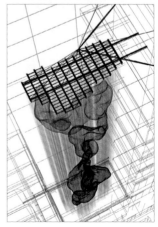

这个空间本就有水的元素，我们只是建议加入一些雕塑概念，戏剧性地表达液状物体落入水池的感觉。这些就构成了这个炫目的作品。

——托马斯·赫斯维克（Thomas Heatherwick）

FAM 建筑事务所
(FAM Arquitectos)

项目名称
恒久之光（Atocha Memorial, 马德里火车站大爆炸纪念碑）

地点
西班牙, 马德里

时间
2007年

设计方
FAM 建筑事务所

为纪念2004年马德里火车站爆炸事件, FAM 建筑事务所在马德里Atocha车站的广场上设计建造了一个11米高的玻璃塔。

参观者可从车站的地下通道进入这个纪念建筑。站在塔下, 人们可以看到成百上千的留言, 这些都是爆炸案发生后公众对于罹难者的哀悼之词。

这座玻璃由15000块特殊切割的玻璃块和透明的亚克力纤维材料构成, 使其可以被城市中灯光照亮。这个设计使参观者可以透过玻璃望穿天际。印刷在ETFE膜材质上的悼词附着在塔楼的内壁上。太阳光照在玻璃塔上, 直通地下室内, 在入口大厅处形成蓝色的光带。室内并没有什么特别的设计, 只是布置了一些铁质的长凳供参观者坐下休息和缅怀, 同时也方便他们抬头欣赏这图画般的设计。

到了晚上, 玻璃的透明材质和照明设计使得塔楼从内而外散发着光芒。这个纪念性建筑作品的结构和设计完美地展示了光的持久力, 并且通过玻璃强化了空间的情感和氛围。

下图
蓝色间, 用于思考与记忆的空间。

玻璃

上图

通过这个玻璃塔，人们可以仰望天空。公众对于爆炸案遇难者的悼词也印刻在塔楼的内壁上供人缅怀。

左图

参观者可以从塔楼下部阅读这些悼念之词。

在这本书介绍的所有材料中，玻璃是惟一可以循环利用的，无论它的特质或是组成方式。虽然能量的消耗是不可否认的，但玻璃的生产长期以来都是高效的并且少有浪费。

尽管如此，每年在英国，还是有2500万吨的玻璃被运送到垃圾填埋场，而在美国，这个数字是90亿吨。回收、报废，或是切割的玻璃可以成为饮料汽水玻璃瓶80%的原材料；铺路用玻璃沥青的30%可以由废弃玻璃制成；如果玻璃碎至一定的尺寸，它还可以和水泥一起制成高强度的混凝土材料。但是从建筑用途上而言，玻璃的回收和再次使用也有局限，主要的局限因素在于玻璃的颜色和纯净度不同。然而，这个特质也为建筑师提供了机会去探索更多玻璃的色彩、肌理和表面处理工艺。

随着现代材料的发展，循环使用的玻璃工艺在建筑和室内空间上也有特别的用途。在传统的水磨石工艺基础上——大理石碎片和水泥混合在一起——玻璃也可以和其他类似材料混合使用，这样的材料通常使用在台面和洁具上，在生产过程中消耗的能量也较小。一些边角余料也可以用来制作特别花纹和肌理的物件或是面砖——已经有设计师利用丢弃的玻璃罐子和饮料瓶做出了一些灯光艺术装置。简而言之，玻璃的可循环使用优势为设计师提供了出陈推新以及将更多的创意运用在室内设计和表面处理上的机会。

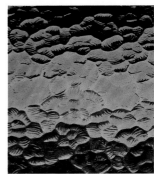

国际经典案例／**可持续发展**／创新和未来

正如前文所述，材料技术的发展给了艺术设计更多的可能性。玻璃已经不仅仅是防风遮雨的材料，也可以为我们的设计创意服务。五千多年以前的人类就将玻璃、沙子、石灰或是余烬混合在一起作为制作容器的材料。玻璃可以让我们看穿其本身，也可以有照明的功用；加上光电产品的运用，通过光纤导缆，它还可以作为远距离传输数据的媒介。过去被认为是娇纤易碎的材料，如今却已经足够坚固，可以如同钢铁一样承重楼板和屋顶。玻璃看上去似乎有无限可能（可以塑形，可以被捶打，也可以作为装饰），现代主义的设计师们将其运用在很多创意上，而不仅仅只是为了室内光线的摄取。

蜂巢墙面板（Honeycomb wall panel）

项目名称
蜂巢墙面板

日期
2009年

设计方
施华洛世奇（Swarovski）

施华洛世奇创造了很多人造水晶（玻璃）工艺作品——这些作品的共性就是可以折射光线。在这个室内墙面设计中，施华洛世奇将成千上万颗细小的水晶紧紧夹在聚碳酸酯材料的蜂巢状面板构造中。光纤——其本身也是运用玻璃工艺制成——装置在墙板后面，使灯光映在水晶墙面上。由于客户的建议，最终装饰在整个店面的水晶墙所组成的谜一般的图案比右图所示的要大得多。

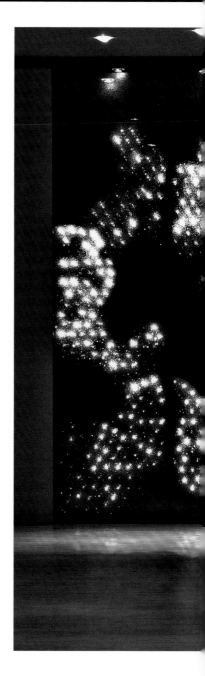

上图
通过水晶墙和光纤控制的灯光。

创新和未来／可持续发展

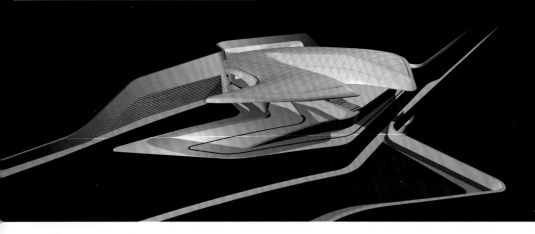

汉格博格火车站 (Hungerberg Railway Station)

项目名称
汉格博格火车站

地点
奥地利, 因斯布鲁克

时间
2007年

设计者
(Zaha Hadid Architects)
建筑事务所

扎哈·哈迪德利用电脑建模, 使用双曲线、热成型的玻璃模块, 为汉格博格火车站创造了一个真正的三维空间。

最终的屋顶覆盖 (由钢肋做结构支撑) 汲取了环境因素, 与周围山体的起伏相呼应。颜色喷涂在预制板内部, 白色的玻璃, 加上本身坚硬反光的特质、波形的外观, 为火车站营造了艺术气息。

随着技术 (例如电脑建模和组装技术) 的发展, 玻璃的潜力也在一点点展现。而玻璃的本质特征——可以反射光线——一直在各种作品中被展示着, 从未被埋没。

上图
电脑渲染的最终效果。

下图
火车站的局部。

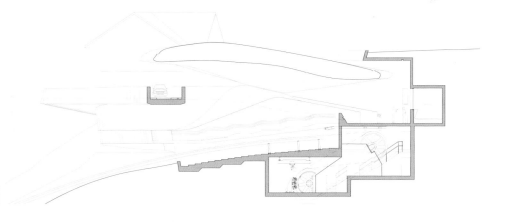

每一个车站都有自己的独特背景——地形起伏、海拔高度以及交通流线。我们研究了自然现象，例如冰碛和冰山移动——我们期待每个车站都有如自然冰山般的线条，就如同依傍在山脉旁的一座凝固的冰川。

——扎哈·哈迪德

下图
使用双曲线、热成型玻璃模板的室内效果。

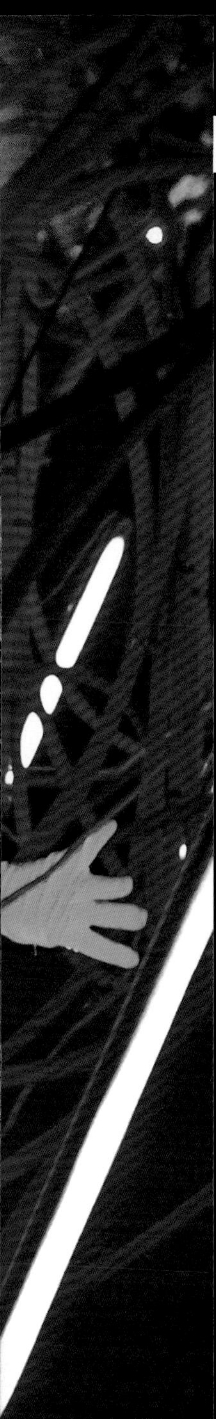

　　作为一种优质的材料，塑料的出现到底是工业革命的前奏；或者相反的，它只是庸俗、谄媚、廉价和一次性的代名词，是低品位的象征；又或者是这个快消社会的一个缩影？到目前为止，相对于其他材料而言，塑料在历史上的出现比较晚，但是这种材料对于设计、社会和环境的影响却比其他日常生活中所用到的材料都要大而且深远。

　　塑料具有塑造各种产品和表面肌理的能力，用塑料构成和处理的肌理和表面无处不在。这种材料可以呈现无限的颜色种类、形状和机理，所以运用得非常普遍。我们无法想象，离开了塑料及塑料产品，我们的生活会怎么样。所有塑料设计和产品的诞生都可以追溯到1823年，当时的苹果电脑采用了棉胶，从而诞生了防水型苹果电脑。

项目名称
科切拉山谷音乐艺术节 (The Coachella Valley Music and Arts Festival) 上的弹塑性海绵作品

地点
美国，印第奥

时间
2009年

设计方
鲍尔-诺格斯工作室 (Ball-Nogues Studio)

塑料是由大量的分子元素，例如碳、氢、氧、氯、氟，由化学长链组合在一起形成的。各种不同的化学元素的排列组合，以及分子多样化的结合方式，可以生成不同的塑料产品。每一种不同的塑料有自身的特质，也有各自的局限性，所以以不同领域的产品对于塑料品种的选择多基于取其长避其短的原则，这也是日益增长的多样工业和设计所遵循的理念。

19世纪末、20世纪初

很少有人知道，其实自然界本身存在的合成物已经伴随了人类数千年的时光。伦敦的同业行会公司 (Worshipful Company of Horners，最早的记录可以追溯至1284年) 致力于自然动物角质的保护和推广，手工业者在很早就成立了行会组织。直至今日，这个公司仍然非常活跃，但是由于动物角质的应用潮流在不断改变——而且19世纪末塑料工艺也发展了起来——这家公司目前的活动集中于当代塑料工业。

自从塑胶产品技术和专利在19世纪80年代开始出现以来，人们的品位和时尚在不断改变，也深深影响着塑料日常用品的生产。为了找到漆皮树枝的人造替代品，化学博士利奥·贝克兰 (Dr. Leo Baekeland) 在1907年至1909年期间发展了胶木产品。

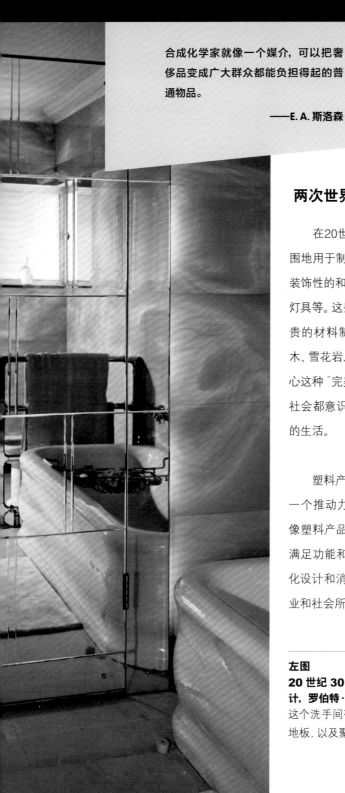

合成化学家就像一个媒介，可以把奢侈品变成广大群众都能负担得起的普通物品。

——E. A. 斯洛森

两次世界大战时期

在20世纪20至30年代期间，塑料开始小范围地用于制造日用产品，包括珠宝首饰、玩具、装饰性的和室内配件，如碗、杯子、把手、手柄、灯具等。这些物件在之前都是采用一些比较昂贵的材料制造的，例如动物角质、象牙、黑檀木、雪花岩、缟玛瑙和琥珀等。虽然人们并不关心这种"完美"的材料是如何得来的，但是整个社会都意识到塑料产品正在一步步改变每个人的生活。

塑料产品的活跃也被视为战后工业复苏的一个推动力：当时战后经济异常萧条，正需要像塑料产品这样表面美观、生产快捷、能瞬间满足功能和美学要求的产品。塑料产品的平民化设计和消费主义至上原则，使得其很快被商业和社会所接受。

左图
20 世纪 30 年代艺术装饰大奖中获奖的洗手间设计，罗伯特·W·西蒙兹（Robert W Symonds）
这个洗手间有清晰的仿大理石墙线，乳胶质地的地板，以及聚砜材料表面的窗户玻璃。

第二次世界大战战后时期

在现代主义的室内建筑大师 [例如勒·柯布西耶 (Le Corbusier)] 所提出的室内设计 "标准化" 理论中, 一个产品的大规模生产以及对新材料的探索是这个理念的关键因素。这时的室内设计趋向于重复生产和复制创意, 就如同各种 "设备" 组装在一起形成一个装饰方案。然而, 在英国, 大部分公众开始怀疑在战争影响下塑料产品是否能成功扮演如此重要的角色, 并且希望重新回到使用 "自然" 材料的时代, 拒绝使用这些看上去如同 "复制品" 一样的塑料制品。

然而, 现代主义设计工业多遵循现代美学设计摩登的主流产品, 利用铝和塑胶等新材料, 更多轻质的、多样的、色彩缤纷图案各异的日用品进入到我们的生活当中。在上个世纪中期那个乐观的年代, 设计师如查尔斯及雷·埃姆斯 (Charles & RayEames) 和制造商、零售商如希尔斯 (Heals) 都在考虑将高质量设计融入易于生产、价格适中的材料中。

塑料市场大多是直接针对女性消费者的, 这些人在当时被认为是 "家庭的建造者", 也被视作是家居物件的主要消费者。就如同广告上体现的一样, 20世纪50年代的英国厨房设计中, 因为采用了新材料, 例如干净闪亮的塑胶台面, 家庭主妇们都将其视作骄傲。妇女们在选择设计良好、高效有用的产品的时候, 也是体现自身 "良好的修养和品位" 的时刻。

随着消费主义的大爆炸和20世纪60年代波普艺术的流行, 塑料产品开始有了自己的风格。室内设计潮流也随着欧洲年轻人的口味不断快速地改变着。音乐、艺术、时尚以及太空竞赛都促使室内设计朝着从未有过的抽象派和有机形制方向发展, 塑料材料和制造工艺的发展也正好提供了实现这些创意的可能。曾经是合成、廉价代名词的塑料, 如今也成为了富有魅力和内涵的上好材料。

下页图
英国蛇形画廊里 (the Serpentine Gallery) 的红色遮阳凉亭, 英国, 伦敦, 吉恩·努维尔 (Jean Nouvel) ,2010年
这个画廊之前采用的是传统的公园休憩凳子, 而新设计的红色合成材料板和合成纤维结构提供了一种极具现代感而又梦幻的氛围。

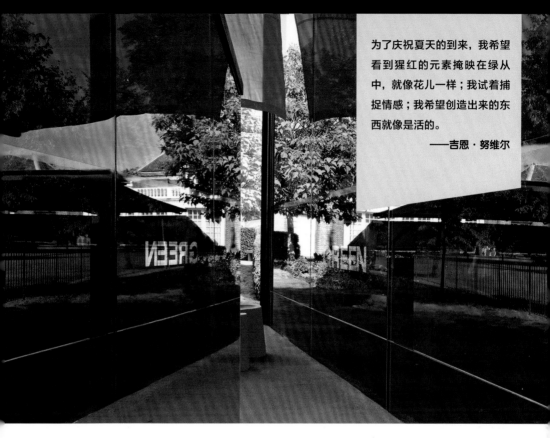

为了庆祝夏天的到来，我希望看到猩红的元素掩映在绿丛中，就像花儿一样；我试着捕捉情感；我希望创造出来的东西就像是活的。

——吉恩·努维尔

今天

毋庸置疑的是，塑料体现出的潜力已经远远超越最初投资者的预期。例如聚酯（PET）合成物几乎可以实现任何我们想要的形状和外观，这种能力对于其他材料来说是不可能的。

塑料可以制成质地轻便但是坚固耐用的板材（适用于建筑室内、海洋和太空环境），这也是对于材料潜力的充分利用，塑料产品就是通过组织和主宰分子合成方式来满足各种不同的材料需求的。

讨论：
今天的塑料

看看你所处的环境，很难想象如果没有塑料，我们现在的生活会怎么样。

● 有多少物品是由塑料制成的？

● 你认为这些物品在塑料普及之前，应该是由什么材料制造的？

历史和背景／国际经典案例

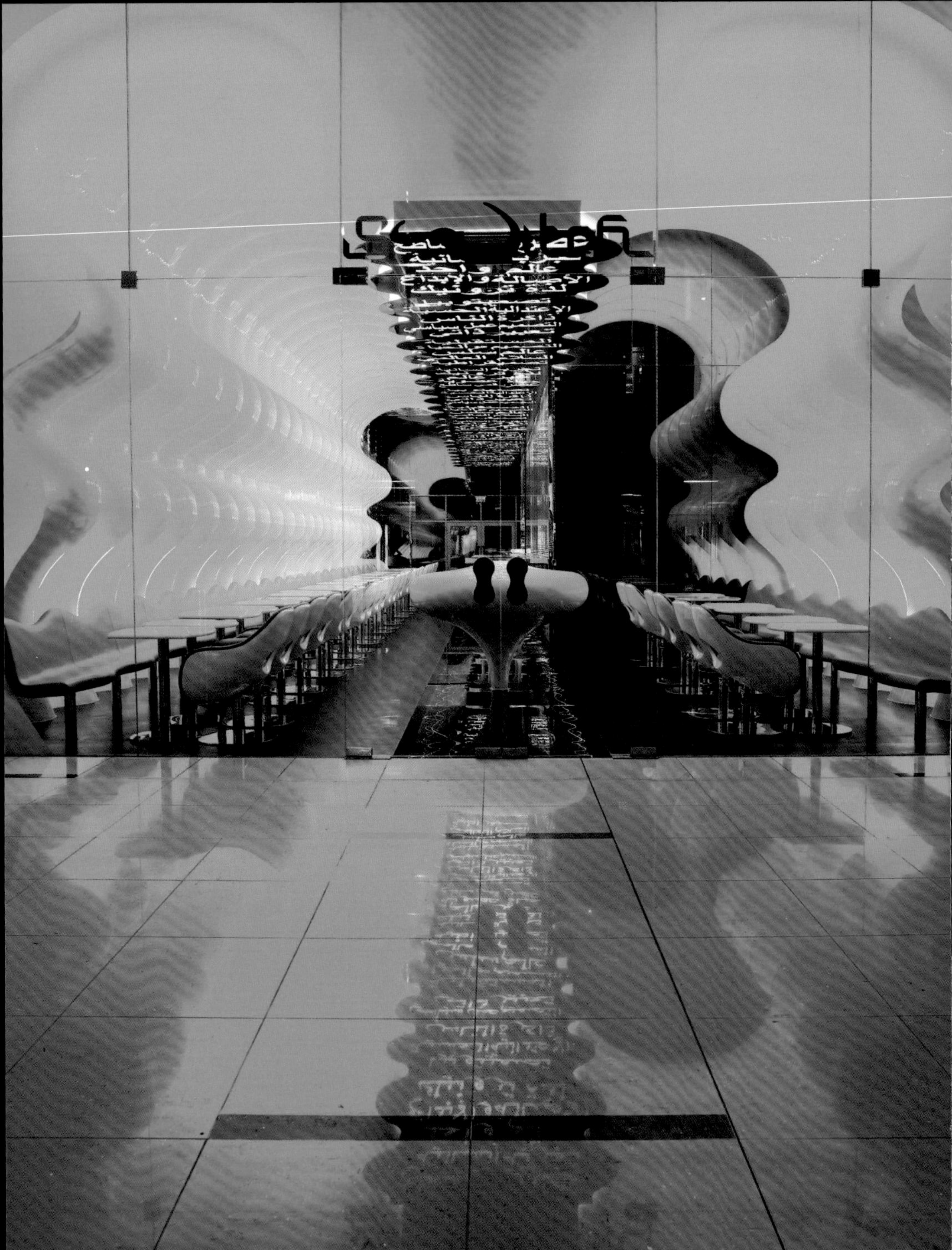

> 我希望这个餐厅是一个坚固的、对称的又柔软得如同母体子宫般的空间，由一系列连续的起伏墙面卷裹着。
>
> ——凯瑞姆·拉希德

96~97页图
迪斯尼总部商店, 美国, 帕萨迪纳, 克莱夫·威尔金森 (Clive Wilkinson) ,2007 年
旋转成型的聚乙烯薄墙铺满了蜂巢孔, 这个材料可以吸声, 也可以由客户根据自己的需求组装或者拆卸这个空间。这个设计使得在该空间内工作的雇员有了自己改变和控制工作环境的自由。

对页图
转化餐厅, 阿联酋, 迪拜, 凯瑞姆·拉希德, 2009年
起伏的塑料应用在室内设计中加强了餐厅的个性, 也呼应了周边起伏的沙丘景观。

塑料品种

聚酯纤维薄膜揭示了我们身体的内部运作, 让我们能够起航环游世界, 以及印刷钱币等等。

聚丙烯可供我们制造医疗器材和养料容器, 并让它们保持无菌状态。

热色材料可以直观地告诉父母给婴儿的牛奶温度是否正好。

高密度聚乙烯纤维可以给我们提供特别的织物服装, 为在严苛环境下工作的人们提供保护。

尼龙材料为大部分在路上行驶的车辆提供了传动装置。

吸震泡沫可以消减噪音, 让我们在夜晚安然入睡。

总而言之, 所有上述的塑料品种以及更多没有谈及的种类, 深深影响了人类的21世纪的新生活——看看你周围的一切, 想象一下如果没有塑料, 你的家该有多么寒冷、多么漏风、多么嘈杂、多么黑暗。

历史和背景／国际经典案例

从前文所述可以看出，塑料自20世纪初问世以来已经经历了一个多世纪的发展。但是在很长一段时间内，塑料的使用都局限于生产基于特定对象的物件或是小尺度的结构材料之中。近年来，塑料作为建筑和室内设计发展的主要推动力，其本身也有了很大的发展。我们即将展现的这些案例着重展示了由塑料创造的空间和氛围，而这些作品的效果恰恰很难采用别的材料创造出来。

下页图

六万多根透明的亚克力纤维光束，单根长7.5米，每一根的尽头都装有植物种子。建筑的室内非常安静，在白天的时候仅仅利用自然光线通过透明的、头发般的亚克力纤维照射进来。

下图

六万颗种子在世博会结束时被分发到英国和中国的学校里。

Heatherwick 工作室

项目名称
英国种子圣殿（Seed Cathedral）

作品地点
上海世博会英国馆

时间
2010年

设计方
Heatherwick 工作室

为了响应上海世博会的主题"城市，让我们的生活更美好（Better City, Better life）"，Heatherwick工作室设计了一个6000平方米多层次的景观覆盖整个基地，目的是展示由从伦敦基尤皇家植物园运来的不计其数的植物种子所组成的种子银行。

在这个凉亭建筑物里面，每一根亚克力纤维光束都经过单独设计，在它们的顶端都隐藏了一颗植物种子。考虑到基尤植物园未来的业务合作和联系，赫斯维克工作室要求所有的植物种子必须来源于以基尤植物园种子银行项目的合作方——中国昆明植物研究院所在地为中心的300公里（大约185迈）的范围内。成片的农作物在风中随风摇曳的场景给了设计师灵感，这些亚克力纤维也同样可以随风摆动。到了夜间会用光纤照明，远远看上去，整个建筑就像是一株蒲公英在散播它的种子。

在世博会结束之时，六万多颗种子被"吹送"到不同的英国和中国的学校。这些种子不仅仅是这幢建筑留给世人的纪念，也是两国纽带关系的见证。

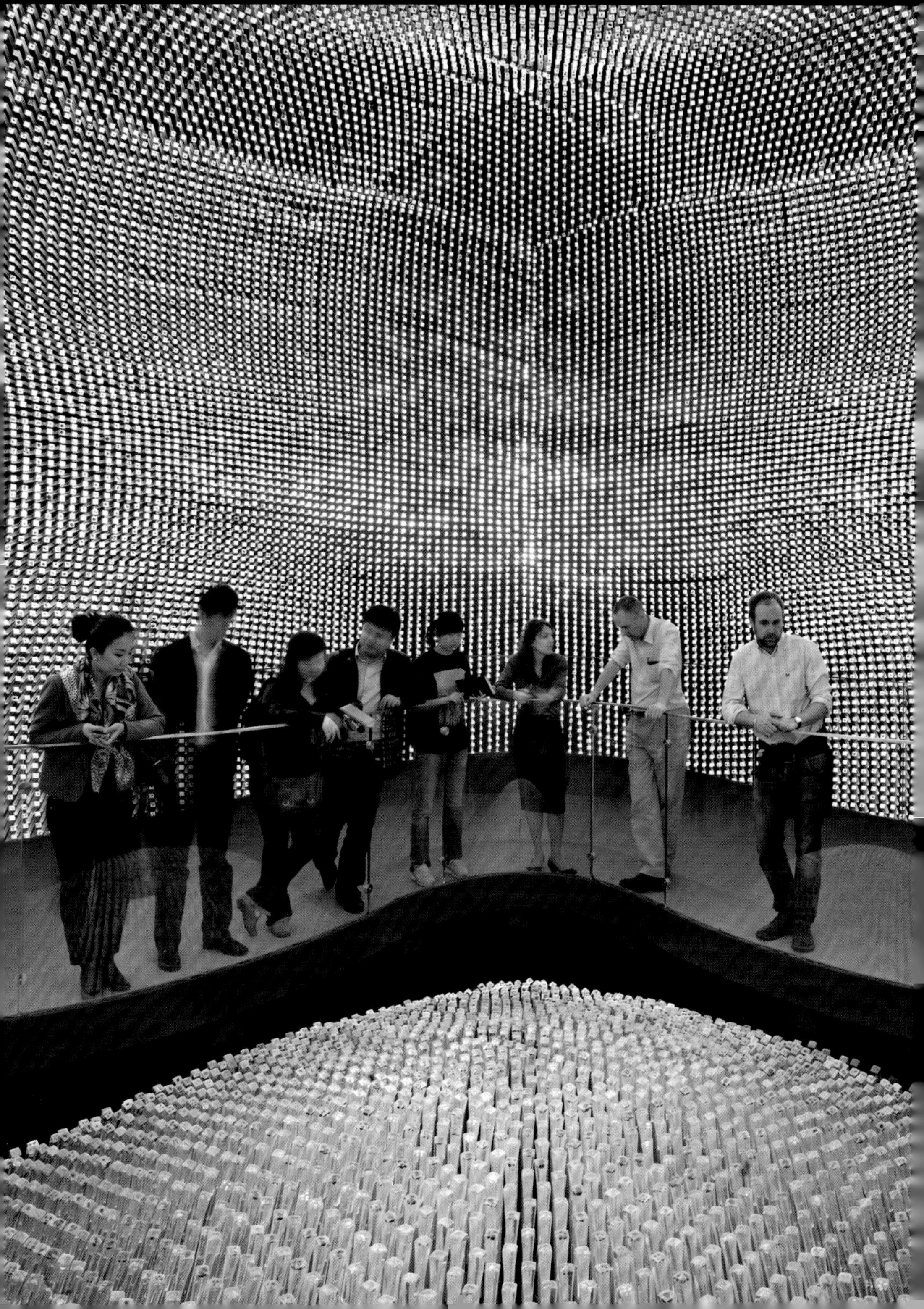

左图

这个柜台设计采用了迂回柔和的曲线，药品名称摆放的位置也可以带给患者些许的轻松和慰藉。

下图

塑料的使用，为柜台设计提供了一个流动的有机空间。

下图
药店的楼层平面图。

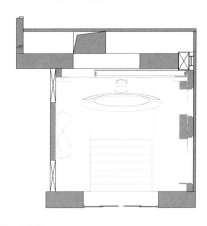

凯瑞姆 · 拉希德 (Karim Rashid)

项目名称
Oaza Zdravlja 大药店

地点
塞尔维亚, 贝尔格莱德

时间
2010年

设计师
凯瑞姆 · 拉希德

在这个空间设计作品中, 凯瑞姆·拉希德利用数字设计技术, 结合塑料的性能和工艺, 创造了一个大胆的、令人印象深刻的, 同时又简洁而流畅的空间。如果我们从塑料的特性上来分析, 例如颜色、形状和机理, 我们会发现凯瑞姆·拉希德在这个作品中呈现了很现代的一个设计, 用"视觉和信息感知"的空间体验来刺激每一个来访者。

如同凯瑞姆·拉希德所阐述的一样,"通过这些柔和流动的曲线墙面的运用, 以及有机形态的呈现, 一种安全和舒适的空间感很快就随之建立起来"。通过控制墙面的曲率, 简洁而有力的柜台优雅地呈现了出来。这种形式也象征着"药物通过身体的细胞结构作用于患处"。

塑料塑造成型的能力给凯瑞姆·拉希德提供了完成这个作品的可能性。他利用材料特性创造了这个象征人体结构和错综复杂愈合过程的室内空间。

历史和背景／国际经典案例／可持续发展

下图
采用了简单的聚苯乙烯材料来设计的这个创新装置,也是一个空间的隐形分割装置。

下页图
"云"的简洁构造,可以让使用者自己拆卸和组装,从而形成独具个性的室内空间。

"云"模块化收纳系统（Clouds modular shelving system）

项目名称
为卡佩里尼品牌（Cappellini）设计的"云"作品

时间
2002年

设计者
罗南·波罗列克和伊万·波罗列克（Ronan and Erwan Bouroullec）

法国兄弟设计师罗南·波罗列克和伊万·波罗列克为世界知名设计制造商设计创新性的塑胶产品或是机理表面已超过十年，这些制造商涉及工业产品、建筑和室内，他们的名字包括：瑞士家具厂商威达（Vitra），丹麦纺织品厂家科瓦德拉特（Kvadrat），意大利创意家具品牌马吉斯（Magis），意大利现代家具厂商卡特尔（Kartell），英国家具生产商 Established and Sons，法国家具品牌 Ligne Roset，德国卫浴品牌汉斯格雅（Axor），意大利品牌艾烈希（Alessi），三宅一生（Issey Miyake）以及卡佩里尼（Cappellini）和看步（Camper）。

正如罗南和伊万自己所说，"我们的作品精髓就在于简单。很少人理解，历史简约至极的设计才真正是繁复无比的工作。我所说的'简洁'并非是一种设计风格，很多时候，我们遇到一个很特别很好的作品，这个作品往往做得很复杂。这时，这个作品应该回归到其设计过程本身，重做，重做，再做，精简，精简，再精简。这是一个消耗心智的过程，而事实上，设计过程本身就是收集心智的过程"。

从自然形态和自然构造中获得的灵感，通过非自然的材质融入工业和城市机理中得以实现。

在这个作品中，非常平庸的材料聚苯乙烯被重新设计和生产成为一个独立的柜架，同时也是空间的分割装置。这个作品的精妙之处在于其简洁，视觉上和质量上都很轻便，任何人都可以根据自己的想法组装，也并不需要任何组装技术培训。

塑料，这种被视为一次性、缺乏诚意的材料，经过波罗列克兄弟的尝试成功地将功能和装置艺术结合在一起："'云'装置可帮助你实现个人的空间梦想。它们可以用来划分空间，可以作为一个特定区域，可以是一面墙，也可以是指向一个特别空间的标志，前后左右，各个方面都可以加以运用。另一方面，'云'装置还可以作为空间的构造材料使用。比如它们可以用来将起居室化成若干不同的空间，是纯粹的心理空间的划分，不需要添加任何实质的墙体。它们本身的柔软材质，给予了空间不同的心理感受。这个设计特别适合需要人道主义关怀的人们，他们所生活和工作的空间，更加需要如此的装点。"

在这个章节的开篇就提到过，塑料——包括其上百种细分材料——因为广泛运用于人们日常生活的每一天，它们可能比其他任何材料带给设计和经济的影响更为深远。它们的出现，为人们生活中的日常所需和美学所需提供了价廉物美的选择。这些产品低廉的、个人就可负担的价格决定了它们广泛的运用，然而塑料产品带给环境的影响和高成本的环境保护支出却是近期才被人们所察觉和认识。

根据英国塑料同业联合会（British Plastics Federation）和美国塑料委员会（Plastic Industry Trade Association of America）的研究，结构工业是紧随包装工业之后的第二大塑料消费行业。结构方面，塑料主要用于密封、窗或门、管道、缆绳、地板贴面和防潮，它们质轻、易用，而且维护简单。但是塑料产品的生产过程是能源密集型的，依赖大量的有毒性化学试剂，例如氯。根据绿色和平组织的研究，56%的PVC原料都是氯，另外的原料部分来源于石油合成物。

目前建材产品中有如此之多的塑料产品——还有很多产品我们没有亲见——英国塑料同业联合会（BPF）所做出的论断就不难理解了。看看周围英国和北美的城市和乡镇，PVC的窗户和门广泛地被运用，这个问题就更加显著。

用PVC的门窗，比起木质门窗，可以使开发商的建筑施工成本下降三分之一。但是PVC的使用寿命不过20年，而且到目前为止，PVC材料的回收和焚化依然存在问题（主要是生产和焚化过程中的化学成分释放问题）。毋庸置疑地说，长远来看，塑料产品对于地球环境的破坏，相比目前我们暂时得到的成本缩减和舒适的工作生活环境是得不偿失的。

目前，全球的室内和建筑设计师都很重视材料循环利用所带来的机遇和限制。真正的材料再循环过程通常需要使用大量的能源以及释放有毒化学成分（例如从回收的饮料瓶来制造摇粒绒）。所有的产品在设计过程中都被精确定义了功能，所以其循环再利用的过程其实并不容易。塑料陪伴人类的生活已经有很长一段历史，但是其产品再生产以及回收废弃的过程将会陪伴我们更长的时间。

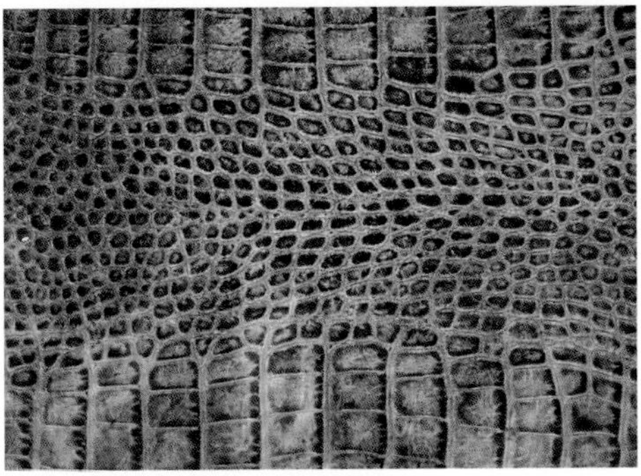

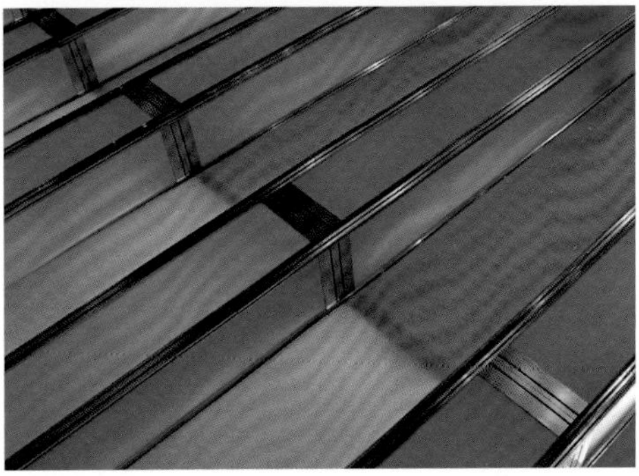

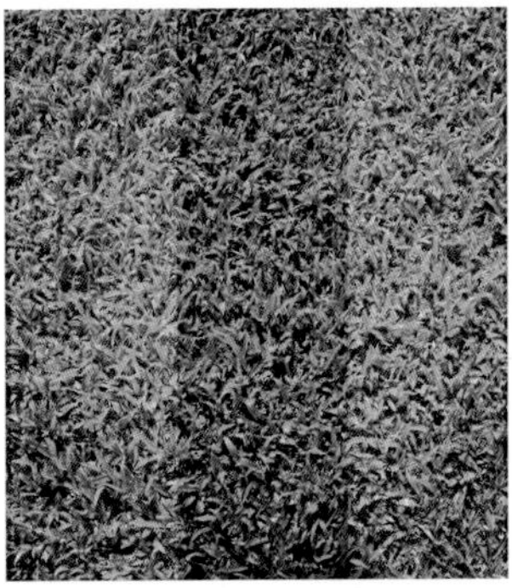

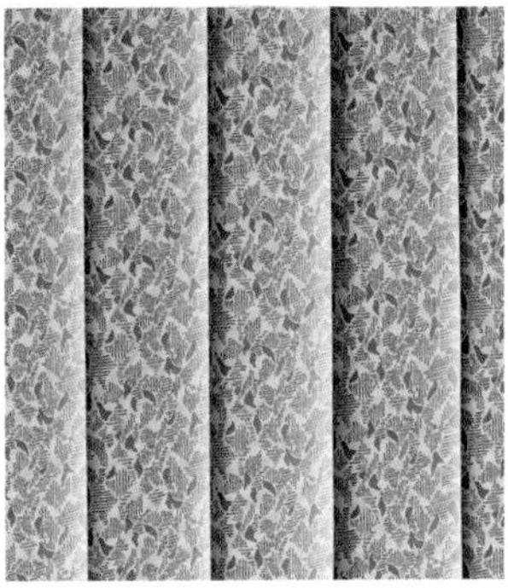

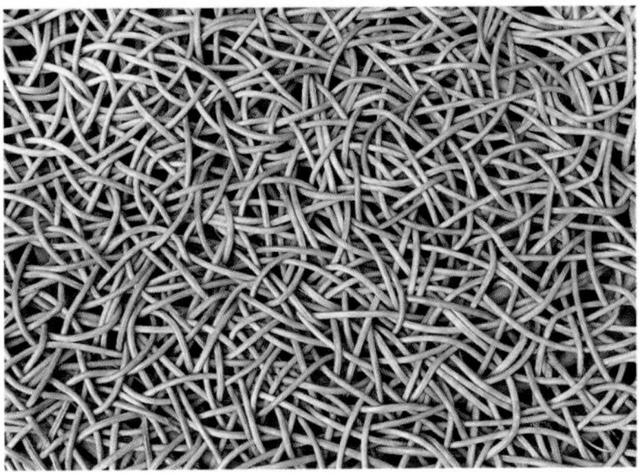

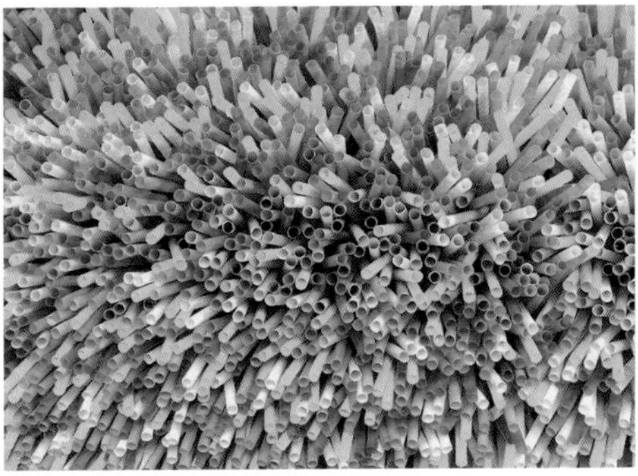

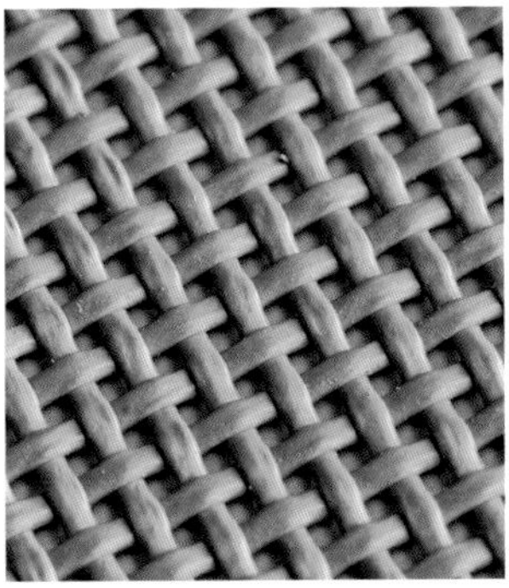

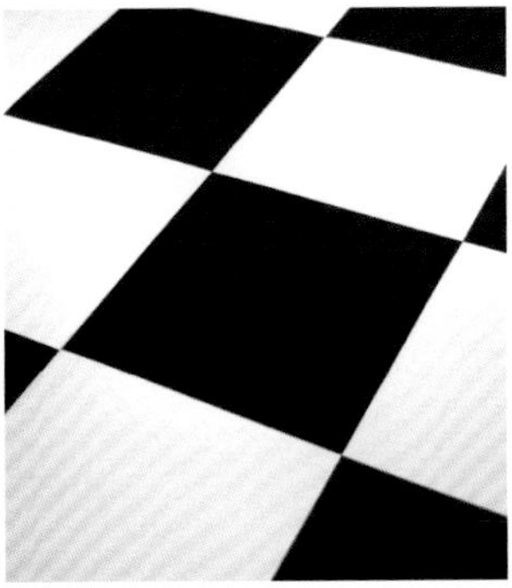

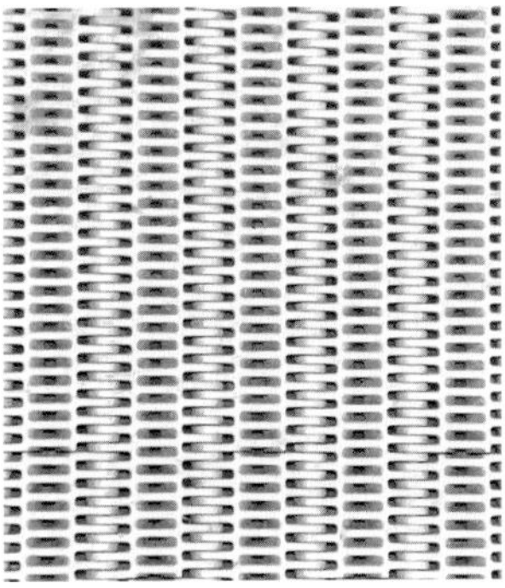

显然，塑料还将继续被广泛地运用于设计领域。负责任地使用这种具有争议的材料是所有室内、建筑、产品和工业设计师的职责。下面将展示一个利用塑料产品创造新颖而令人激动的空间环境，并且同时采用最有效、最经济环保做法的案例。

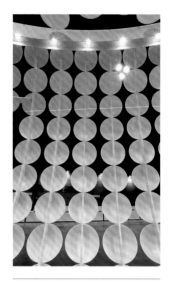

塑胶亭 (The Plasticamente Pavilion)

项目名称
塑胶亭

地点
巡回展览

时间
2002年

设计者
里卡多·乔瓦尼提 (Riccardo Giovanetti)

这个巡回展览背后肩负的使命就是用这些以循环使用的塑料制作的艺术作品来推广材料保护和再利用的影片。为了研究塑料和其他循环使用的材料特性，作品采用了塑料碟片构建了130平方米大小的展厅来呼应展览中所呈现的各种分子聚合物的产品设计。

建筑师介绍道，"尽管这是一个巨大的展示空间，但是给人的印象却是非常轻质的，甚至感觉到它是活动的，且会自主呼吸。这个建筑的外型也影响了内部空间的划分。由于材料先天的灵活性，这个展厅利用循环材料的潜力，给来访者提供了各种不同的观光点"。

上图
展厅达到130平方米，都是由塑料碟片围合而成。

对页上图
这个展厅由意大利循环再利用塑料协会（Italian Institute of Recycled Plastic）委托设计制造。

对页下图
室内空间被设计师划分成不同片区，以供参观者休息或观看电影。

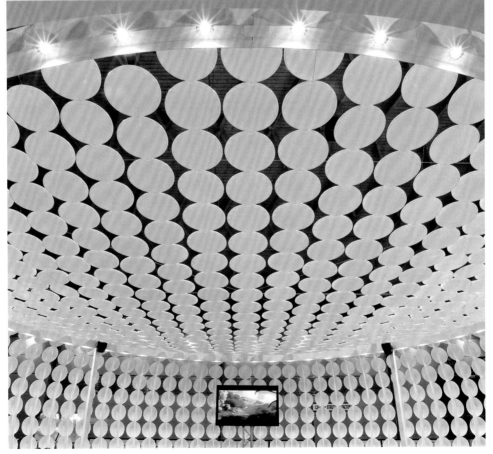

可持续发展／创新和未来

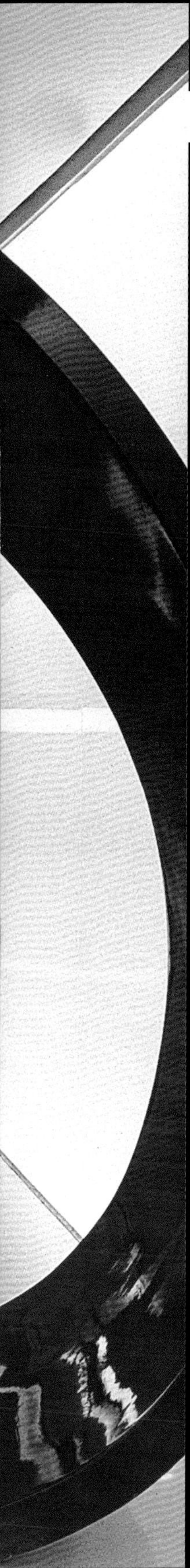

　　复合材料指的是那些通过不同种元素组合而成的材料。其实，我们在其他章节的讲解已经对复合材料的概念有所涉及，比如在介绍木材的章节里面，我们就谈到在19世纪末期复合板的使用，以及20世纪复合板在现代设计中的角色。可以说，在今天的室内和建筑设计中，复合材料一词代表了当代设计的尖端材料，也代表了一些顶尖设计师特别优秀的设计创意。这个章节提到的"创意"，不仅仅是指这些复合材料加工生产的技术，更是指我们所见到的各种复杂的设计都离不开的专业设计师和制造商共同的创新和努力。

项目名称
安普里奥·阿玛尼，渣打大厦项目

地点
香港

时间
2002年

设计方
Doriana and Massimiliano
Fuksas Architects建筑事务所

这条"红带"使用玻璃纤维制造，意图强调"张力和内涵"，同时其本身也是空间的围合材料。

尽管有证据显示从古典时期开始人类就开始使用复合材料了（罗马人使用的混凝土），但是由于技术的限制，直至 20 世纪，复合材料才真正地在设计领域开始占有一席之地。如今，复合材料已经可以将传统元素和现代媒介糅合在一起。例如中密度纤维板（Medium-density Fibreboard），或 者 是 MDF（Milled Wood Composite，有些时候被叫作磨木复合材料），这些复合材料是将一些硬质或软质木材拆解做成基本的纤维形式，再利用蜡或是树脂的粘合作用，在高温高压下压制成型的密实板材。

复合材料也可以根据设计实验性的需求，结合新兴材料技术制作成创新材料。玻璃纤维，或者是玻璃纤维增强塑板（Glass-Reinforced Plastic，GRP），正如它们的名字一样，是将玻璃纤维按矩阵排列，并添加树脂和固化剂使之更加坚固而制成的。这种材料在 20 世纪 50 年代第一次使用在轮船制造上，到目前而言，玻璃纤维在游艇、飞机的制造上已经完全取代了金属。其自身也有过一次自我完善，即碳纤维增强塑板（Carbon-fibre Reinforced Plastics，CFRP）取代了玻璃纤维增强塑板，前者更加坚固耐用，并且质地更轻，当然也更贵一些。

上图
"无边界"建筑墙面，欧文·哈尔（Erwin Hauer），1950 年
设计师哈尔对无边界的连续表面充满兴趣，他创造了一种独特的模块墙，其中采用了多种复合材料，例如磨木复合材料 MDF，研磨石（Milled Stone），铸造石膏（Cast Gypsum）以及铸造水泥（Cast Cement）等。

当代设计

复合材料因为其天性，通常是轻质而坚固耐用的。这使得它们可以形成动态的形状，并且独立支撑，不需要周围环境中的任何结构加以辅助。作为结构材料，就如前文提到的玻璃纤维增强塑板和碳纤维增强塑板，给予了设计师结构设计上的自由，他们可以根据自己的想法将复合材料制作成常规的模块化建筑材料来使用。如今，流动空间的创意——以前只能在平面上想想——已被运用在建筑的剖面和各个地方。连续的流动形式赋予了空间动态和戏剧化的感受，甚至可以编织和绑缚空间的构成，这是前所未有的。在下文即将阐述的一些案例中，复合材料创造了室内和空间效果——材料对于空间的干预不再重要，复合材料可以根据空间所需被用于设计和制造中。

在展示的案例中，这些复合材料表达和强调了其本身最本质的特性，无关于其制造技术、精度、速度或风格。

现代主义

尽管无需重复之前章节涉及的材料，但是也许值得我们重提的是一种运用最为广泛，也被誉为是"现代主义风格"的复合材料：混凝土。混凝土是由沙、水泥加上水混合而成，它的制作过程可以说是最简单清晰的对复合材料本质的描述。近距离观察，你就会发现混凝土的每一种成分在成品中仍然是清晰可见的；除了水泥在与水发生化学反应之后改变了形态，但是其细小的粒状颗物，仍然可以分辨出来。

上图
玛莎拉蒂的展厅总部 (Maserati Showroom HQ),
意大利,摩德纳,罗恩·阿拉德 (Ron Arad),2002
年~2003年
"环"的本身就是一个错综复杂的结构,也是一个精密工艺的产品。这个作品运用了卓越的技术,其动感的形态反映出了汽车产品的活力。

复合材料的今天

生产条件的进步为设计提供了更多的可能性。设计师可以用一种更加抽象的方式，通过主题和灯光来体现品牌和文化的内涵。

设计和技术的进步并不代表要将那些材料视为"高科技产品"。例如纸、卡片和织物等通常被认为于室内设计无关的材料也开始被运用在复合材料的创新上，其本身的肌理和形态经过折叠、打摺、卷曲或是编织等基本的构造处理后呈现出了一种崭新的姿态。

现在多样的设计语言被运用在空间当中，新材料的运用模糊了不同设计领域的界限：室内装饰、时尚和织物设计正在相互融合。

上图
叶之影（Leafy Shade），上海世博会办公楼门厅，中国，上海， 2008年，A-Asterisk 建筑设计咨询有限公司
空间中使用了玻璃纤维增强石膏，展现的是竹林的主题，也体现了客户的品位。

尽管复合材料只是在近些年才开始频繁出现，但是很多杰出的现代设计师都采用了复合材料来创造一些新颖的令人印象深刻的作品。这一节所介绍的案例都是充分利用了复合材料蓬勃发展时所带来的机遇，其作用影响了材料技术、生产流程和设计等诸多领域。这些杰出的室内设计作品，不仅展示了复合材料在设计历史中的贡献，也预示了其未来的发展。

上图
铸造石膏（水电石）。

对页图
透光效果。

> 我操纵不了灯光，却可以控制形状。灯光是特定的，但是形状不是。
>
> ——欧文·哈尔

欧文·哈尔

项目名称
墨西哥诺尔国际陈列室（Knoll Internacional de Mexico Showro-om）

地点
墨西哥城

时间
1961年

设计师
欧文·哈尔

自从1950年的"一号设计"（墨西哥诺尔国际陈列室），雕塑家欧文·哈尔就开始在他的现代主义作品上不断打上自己专属的烙印。铸造石膏或者水电石都被他用来制作各种建筑立面元素。这些元素的灵感首先来源于亨利·摩尔（Henry Moore）的"马鞍表面"，这些元素如同"可以无限膨胀的种子，作为一个模块使用时，不断复制扩大，直到形成复杂的立面"。

欧文·哈尔解释说，"从我的早期雕塑生涯开始，连续性和无穷的潜力就是作品的灵魂。这些连续表面的概念主要来自我研究的生物形态和形式。在第一次我与亨利·摩尔见面之后，他的雕塑作品结合室内空间展现出前所未有的界面主导连续性，使我的作品理念更加强烈"。

冷酷的截面感觉在于白度和纯度的使用，以及采用现浇混凝土、研磨石和铸石复合。豪尔所擅长的这种无限延续的形式，与现代主义设计对形式和光线的强调相呼应——这也许是这些动感立面背后的主要原则。模块化建构如雕塑一般是错综复杂的，但是其无限的连续使用创造出了建筑界面的各种可能性。

上图
看上去像"口香糖"的结构连接着摩尔大厦的空间。

左图和对页图
计算机模拟显示的设计意图。

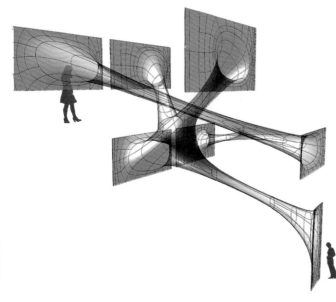

复合材料

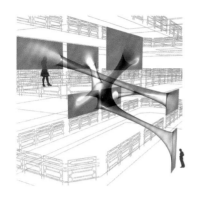

很多人都说我的作品太复杂。但它类似于大自然，要知道大自然也是很复杂的……另一方面，大自然的复杂之中又有一定的秩序和组织，就像在我的作品中表现的一样。

——扎哈·哈迪德

扎哈·哈迪德

项目名称
巴塞尔艺术博览会 (Art Basel)
装置设计

项目地点
美国, 迈阿密

时间
2005年

设计师
扎哈·哈迪德

如果哈尔的作品是典型的现代派内饰风格, 那么哈迪德的作品让我们看到创新的材料和技术使当代设计有了更多的表现方式。采用可结合的复合材料, 借助计算机和数字化机械的超凡创意, 哈迪德已然成功地重新定义了室内空间的性质。

作为一个安装在摩尔大厦 (建于1921年) 中的装置, 哈迪德尝试将占主导地位的垂直柱状结构用横跨4层空间、可以互通彼此的水平结构联系在一起。哈迪德将其建造成"口香糖"的效果, 其用意是跨越空间, 并建立一个具有"弹性和可塑性"的楼层之间的连接。

本书介绍了许多这样的作品, 只有在创新材料和技术发展到一定程度时, 这些作品才可能诞生, 并与现代建模和制造工艺相结合。哈迪德擅长利用技术创造各种优雅和美好的形式, 这让人很容易忘记复杂的设计生产过程, 因为这一切的本身都是创作。

历史和背景／国际经典案例／可持续发展

复合材料的可持续性在很大程度上取决于你对复合材料的定义，以及你如何将你的看法运用于实践和作品当中。值得争议的是，许多复合材料对自身组成成分的使用效率很高，但是往往会浪费其他传统制造工艺的产品，比如说，中密度纤维板使用废木材纤维来制造耐磨板材。然而，生产类似这种复合材料的过程本身就消耗了较多的能量，并使用了不环保粘合剂、树脂或溶剂。假装这种现象不存在的做法无疑是愚蠢的。

无论是使用混凝土技术，还是玻璃或是碳纤维技术，很多复合材料一旦形成，就很难再次循环使用（甚至混凝土的再次使用也仅仅局限于填平和压实基地）。

公平地说，在当前的建模和几何软件的辅助下，使用这些材料的优势主要在于我们能够用最低的材料消耗表现出最佳的结构性能——至少可以大大提高我们所选用的材料的效率。

许多设计师和他们的客户正试图在项目和资源的利用上推广、促进更环保和道德的做法。

大众是世界上最大的汽车制造商之一，我们拿他们所采取的做法举一个例子。自2000年5月31日以来，大众汽车城（Autostadt）不仅在各个社区推广其品牌和产品，也把重点放在展现公司的道德观和可持续发展的理念上。作为这项工作的一部分，大众设计了一个永久性的展览叫作"分级绿色——可持续发展（Level Green—The Concept of Sustainability）"，这个展览为艺术家和设计师提供了设计和装置的展示空间。

本次展览的总建筑师于尔根·迈耶（Jürgen Mayer）以"绿色"为主旨贯穿了整个展览的设计。每个区域都由一些看似复杂、加工简单的部件和可重复使用的密度板组成，每个区域都包含一个支撑钢架结构，用螺栓固定在地板上。

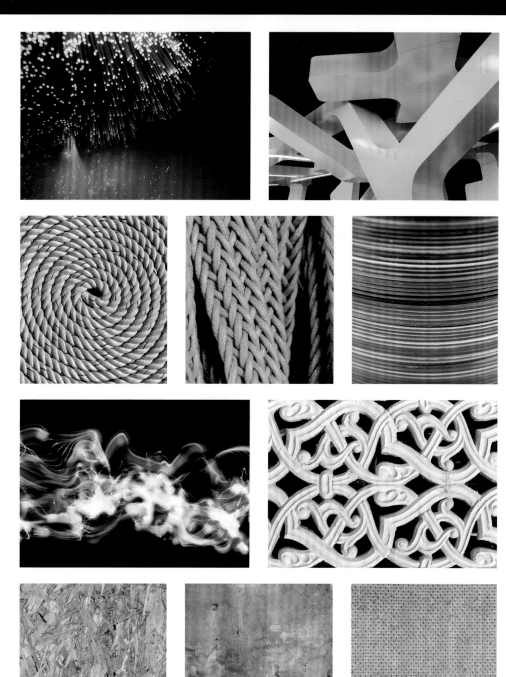

新型复合材料和新制造生产技术的发展带来了新的设计方式, 引领着动态内部场所和设施的建设。通过计算机三维建模软件结合立体印刷技术和数控切割, 设计师们开始能够模拟并构建从未有过的炫目形式。高效的三维空间和结构将材料的消耗降到了最低; 传统的设计被各种新兴技术推动着, 正在向一个令人兴奋的、时尚的形式转化。

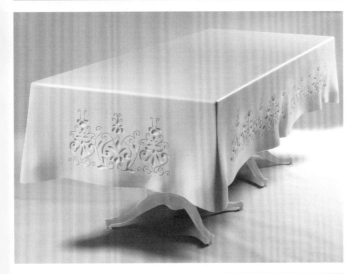

上图
结合可丽耐热成型复合材料与数控雕刻图案制成的桌布。

桌布

项目名称
为 Fortnum & Mason公司设计的桌布

地点
希思罗机场

时间
2005年

设计方
Brinkworth设计有限公司

在这一作品中, Brinkworth对英国国民最熟悉的家居用品进行了设计和改造。他们使用热塑复合材料的可丽耐和数控雕刻 (表面上的刺绣图案), 制作成醒目和独特并具有当代设计风格的桌布。

非周期对称性（Aperiodic Symmetries）

项目名称
非周期对称性

地点
卡尔加里大学

时间
2009年

设计方
MARC FORNES &
THEVERYMANY工作室

正如我们在福恩斯（Fornes），福克萨斯，哈尔，哈迪德和迈耶的作品中所看到的那样，室内空间已经成为建筑行业最能吸纳创新性元素排名第二的场所，它给设计师带来前所未有的探索和想象空间。目前，飞机带有运动感和流线形的外形代表着目前最流畅的形式表达。

下图
经过犀牛软件（Rhinoscript）计算：1640个部件，757个独特的星型连接，883块板材（11种独特的切割类型），5天数控切割，30张4英寸×8英寸半厚的聚乙烯板，8个人，共72小时的组装时间，最终得出了下面的作品。

　　提到面砖，你肯定会联想到一小块正方形或是长方形的瓷砖，贴在家中的墙上或是地板上。从罗马帝国时期开始，面砖就被运用在建筑的外围和室内，以形成具有耐性和美观性的外表。

　　随着技术的发展，不管是花纹和设计多么复杂的面砖，都可以变成更加小巧、容易操控的尺寸，或是使用更加轻薄和便宜的涂层来替代以往比较昂贵的饰面，这些特点使得面砖的施工更加容易，基本只要一个人就可以妥善处理。面砖的这些特点决定了它在室内设计中一直是非常重要的材料和元素，也是室内花纹装饰和色彩的主要缔造者。

　　这个章节不仅会介绍大家比较熟悉的方面，例如面砖在室内设计中的运用，同时还会涉及到由于一些专业的技术原因而使用面砖的情况，或是通过运用别的材料来实现面砖的质感和效果——对空间的分解以及重复的图案样式。

项目名称
Octavilla

地点
瑞典，斯德哥尔摩

时间
2009年

设计者
艾尔丁·奥斯卡森（Elding Oscarson）

这是为某平面设计商设计的室内改造效果。新的墙面由钢制格笼结构上成摞捆绑的杂志贴面构成，呈现出面砖的效果。

至少从两千多年前开始，设计师和工匠就试图将大块的纹样处理成小块面砖的拼接，运用在建筑的墙面或是地板上。数千年来，为了让墙面、地板和天花板更为坚固、持久和美观，设计师和工匠们一直在尝试和改进面砖的使用技术。

古典主义时期

古代罗马人用小断面的石头、玻璃、瓷砖或是马赛克小方砖拼贴出描绘重要社会和宗教题材的图案，用来装饰他们的住宅和公共建筑。他们经常使用的是当地出产的材料，早期的图案设计主要采用黑白颜色的几何构图——这些原始传统的图案反映了古代罗马人的数学思维和体系，类似的情形也出现在苏美尔、古埃及和古希腊的历史中。

直到14世纪，高质量、彩色、形象化的拼贴图案才经常出现在建筑作品中，这些作品通常反映日常生活情景和宗教故事。

上图
罗马马赛克地砖
和这张图片中看到的图案相似，古罗马人最常用的图案就是风格明显的几何纹样。此后，面砖拼贴图案的素材才有所改变，开始反映日常生活景象和宗教题材。

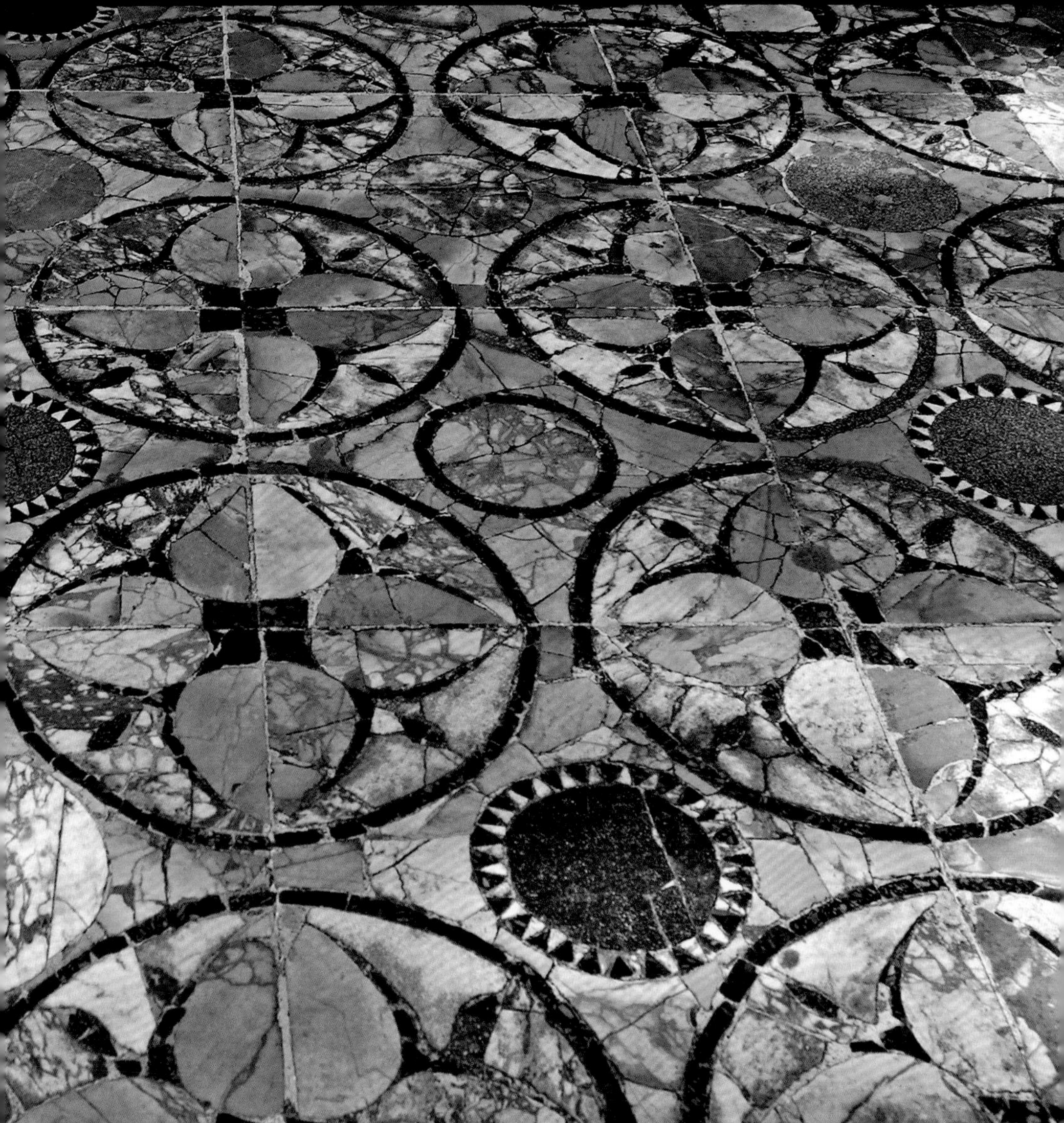

中世纪时期

镶嵌在中世纪早期基督教大教堂和教堂中的面砖具有强烈的装饰风格，再次证明了昂贵的饰面被应用到室内瓷砖表面的可能性。作为一种罗马艺术的表现形式，这样的装饰在以基督教为核心信仰的中世纪罗马帝国只用于在基督教教堂中描述和强化基督教教义。

上图
圣·朱斯托大教堂 (San Giusto Cathedral)，意大利，的里雅斯特，12至13世纪
12至13世纪的拱线马赛克圣坛。

传播的重点区域是圣坛和建筑物的尖顶或圆顶，这些区域都运用了这样的装饰风格。在内部，进一步使用拱线马赛克增强了视觉效果，并创造了合适的氛围和环境。

文艺复兴时期、巴洛克时期和洛可可时期

文艺复兴风格、巴洛克风格和洛可可风格的区别体现在马赛克镶嵌工艺（将若干小的元素拼接在一起，这不仅仅是为了创造面砖表面的肌理，而更像是完成一个完整的设计，这个设计常被绘上图案）。世界上很多早期文明都使用到面砖这一材料。15世纪，北非文化传播到西班牙，西班牙和葡萄牙的azulejos（阿拉伯语词汇，意为抛光石材）经常被用来描绘神话或圣经故事。典型的蓝色和白色面砖被大规模用于许多教堂的内部和外部门面装饰，正呼应了这一时期"过分装饰"的建筑风格。这些面砖拼贴作品，不仅有明显的视觉反差，而且使用柔和颜色石作为建筑物点缀的技术让它们看上去很前卫。此外，这些面砖装饰还考虑到了内部空间的变化，蓝色和白色调和了教堂中黄金和泥土材料的颜色，让人能感受到空间的冷暖。

下图
波尔图大教堂 (Oporto Cathedral) 的面砖作品，葡萄牙，瓦伦廷·德·阿尔梅达 (Valentim de Almeida)，1731年
1729年和1731年，大教堂的哥特式修道院重新装饰，瓦伦廷·德·阿尔梅达使用了巴洛克风格的抛光石材。

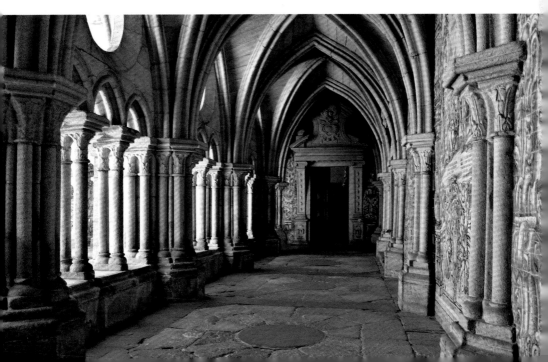

乔治王朝时代、摄政时期和维多利亚时代

在乔治王朝时代、摄政时期和维多利亚时代，面砖继续被用来作为建筑物的贴面装饰材料，以产生持久、美观的效果。绘制的素材也一直在变化，由最初描绘神话故事和圣经的题材，到后来开始运用多样的色彩和图案，以及受当时盛行的艺术运动影响，开始描绘理想化的日常生活情景。当时的建筑技术大有长进，统治阶级开始青睐于建造更多大体量的市政建筑，例如博物馆、大学和市政厅。这些建筑多采用陶土面砖作为装饰材料。这些面砖尺寸精确，由石膏模具制作而成，可以大批量重复生产；色泽鲜艳、纹理丰富、做工精湛，不会受到工业时代空气污染的腐蚀，所以和那些宏伟建筑一样留存至今。

唯美主义运动时期

这一时期重视手工工艺，反对工业产品，再加上受到艺术与工艺运动的影响，特别是一些大人物，例如设计师韦布（Webb）和莫里斯的推崇，面砖拼贴成为室内装饰艺术的核心内容。拼贴图案往往是由若干块镶板组成的，这些镶板由一小块一小块的面砖经过极细的工艺拼合在一起。面砖表面经过处理，覆盖着深色的表皮和亮闪闪的釉质，各个镶板完成以后再合在一起，成为一幅完整的画面。有些镶板与其他材料，例如木块、墙纸或是丝绸一起拼合成为更大的单元。即使在光线暗淡的环境中，这些图案的效果也是非常惊艳的。

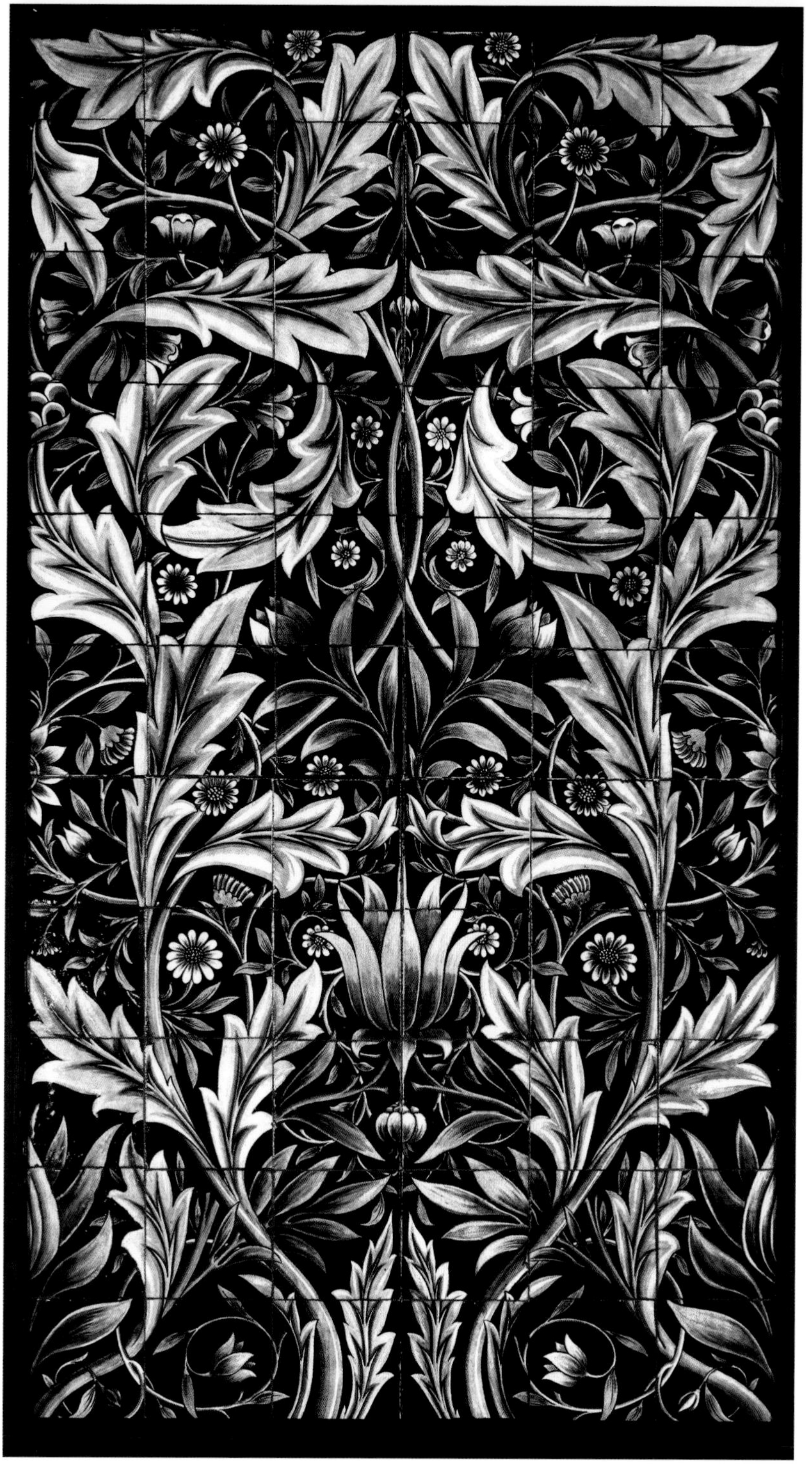

混凝土砖块是怎么样的呢？它是用来建造房屋最便宜的材料（也是最难看的材料）。它一般是作为石材的仿制品被用来做建筑的排水沟。但是，我们为什么不试着用用这种排水沟材料呢？在浇灌混凝土砖块时加入钢筋，使之单块的体积更大，经过一些实践工艺的处理，为什么不能用作现代建筑的新设计？这也许会使建筑的寿命更长，而且还很漂亮美观。

——弗兰克·劳埃德·赖特

现代主义

我们在前面就讨论过，现代主义更注重建筑的纯净感。现代主义的建筑师偏好使用玻璃、钢铁和混凝土，并且合理地将一部分建筑结构和装饰暴露在外。现代主义的建筑里面几乎很少能看到过多的装饰，只有一人的作品例外，那就是弗兰克·劳埃德·赖特（Frank Lloyd Wright）。赖特认为他的建筑应该建立人与自然的联系，从室外到室内的过渡也应该是流畅自然的——任何阻碍这种联系的设计都应该消失。混凝土作为结构材料的出现为赖特提供了机会。为了强调他所提倡的"室内外无缝过渡"，他用混凝土制作带有肌理的砖块，建造和装饰他的"织物积木住宅"（textile block houses，主要是赖特在1923年和1924年设计建造的一些住宅作品）。受到玛雅文化的影响，赖特用在混凝土块上的一些纹样不仅在建筑感觉和表现上与古代文明相呼应，同时也在视觉上打破了这些住宅在室内外效果上的厚重感。

对页图
埃尼斯住宅（The Ennis House），
美国，洛杉矶
弗兰克·劳埃德·赖特，1924年
图片展现的是弗兰克·劳埃德·赖特设计的"织物积木住宅"室内场景，采用了他设计的混凝土砖块纹样。

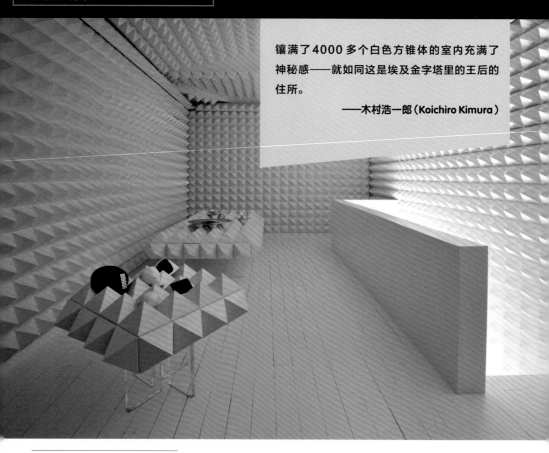

镶满了 4000 多个白色方锥体的室内充满了神秘感——就如同这是埃及金字塔里的王后的住所。

——木村浩一郎（Koichiro Kimura）

上图
展示空间，
日本，东京
木村浩一郎，2010年
这是木村浩一郎的一个著名作品，运用4000个白色方椎体来装饰空间。

对页图
3142马斯特里赫特酒店
管理学校（3142 Hoge
Hotelschool），
荷兰，马斯特里赫特
Makkink & Bey 设计工作
室，2010年
这是一个现代的酒店洗手间。

后现代主义和当代设计

今天，存在了数千年的面砖有了潜在的新材料做替代品，又一次引发了设计新浪潮。艺术家和设计师重新将传统的拼贴工艺运用到他们的现代设计作品中。

在创新的背景下使用面砖这种常规材料成为一种不可或缺的机会。面砖的纹理和特性能够良好地体现出客户希望传达的品牌信息。

不仅是表面发生了改变，更重要的是，利用三维的面砖装饰是室内设计的一个新分支，也是对常规的覆盖材料的重新定义，使用者对于贴面的材质也有了更多不一样的体验。

在这个传统和当代设计风格并行的时代，历史文化的同一性在不断加强。

墙面和地板的设计革新衍生出了复杂的拼合方式及材料运用，使得光线（有时是声音）得以运用到这些常常被我们遗忘的表面空间的设计中。

盖房子成为一种建筑探险。
——OMA

上图
波尔图音乐厅（Casa da
Musica），葡萄牙，波尔图，
达博阿维斯塔圆形市场，
大都会建筑事务所（OMA），
2005年
这个音乐厅的贵宾接待区采用
了传统葡萄牙面砖装饰，面砖花
纹是手工绘制的，描绘的是牧
民放牧的情景；同时亦融合了现
代之元素，使用瓦楞状的波纹
玻璃，两者相得益彰。

上页图
詹姆斯·卡梅隆品牌店
（James Cameron store），
澳大利亚，墨尔本，通用设计
事务所（Universal Design
Studio），2009 年
重复的收纳盒装饰墙面，产生
轴网的纹理效果。

在这个章节的开始，我们提到的一些面砖装饰案例都是使用小尺寸的、硬质的、陶瓷的面砖拼贴成大幅的图面。随着章节的行进，我们也看到了一些设计师尝试运用新材料（包括二维的或是三维的材料）来表现面砖拼贴的效果，这是一些出乎意料的创新手法。正是由于这些创新，有些无关紧要的表面设计逐渐占据了室内设计的更大比重，开始左右整个室内的装饰感觉。

Dreamtime Australia Design 设计事务所
（**Dreamtime Australia Design 这是澳大利亚一个专业的餐饮类设计公司——译者注**）

项目名称
维克多·邱吉尔肉店（Victor Churchill Butchery）

地点
澳大利亚，悉尼

日期
2009年

设计方
Dreamtime Australia Design 设计事务所

这是一个传统的欧式老牌肉店的改造设计。设计师结合现代设计元素，将这个店铺对于自身品牌的自豪感注入了室内设计，让顾客一进门就可以感受到这家肉店的品牌历史和产品质量。在员工处理肉品的案台区域，设计师运用了砂岩、铜、玻璃货架、木质案板和皮革制成的围合，营造出展示员工工作的一个舞台。柔和的光线打在喜马拉雅岩盐质地的背景墙上。岩盐不仅可以给肉类保鲜，也可以为空气杀菌。

上图

喜马拉雅岩盐质地的背景墙，不仅可以给肉类保鲜，也可以为空气杀菌。

作品"云"带给建筑物以流动的、混沌的表面质感也能为你的住所提供令人惊喜、色彩斑斓的织物景观窗口。

——罗南及伊万·波罗列克

罗南及伊万·波罗列克

项目名称
"云"

日期
2008年

设计师
罗南及伊万·波罗列克

作品"云"使用了一种创新材料制作而成的面砖,这种材料由单块具有弹性的织物组成,通过一种特殊设计的橡皮筋将这些单块织物组合起来,既可以牢固连接,又不失灵活性。这个作品既是一个二维的墙面覆盖表皮设计,也是一个三维的可以独立支撑的室内小型雕塑景观。设计的简洁给予了使用者很多可能,你可以重新组合这些块状织物,来实现你自己想要的效果。

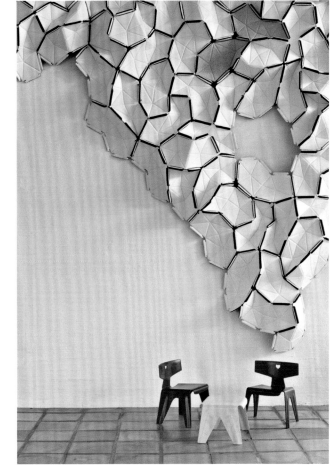

上图
作品是由单个块状的弹性织物制成的。

右图
二维的组合紧附在墙壁上。

历史和背景／国际经典案例／可持续发展

面砖材料的来源广泛而多样，我们很难给面砖的可持续性发展和生态使用做出一个常规的定义。就如同我们所选的案例一样，无论是传统的还是现代的材料，只要你敢于想象和创新，几乎任何材料都可以作为面砖材料使用在室内设计和装饰上。

面砖的可持续性，或者说我们在使用面砖时所应当考虑的对环境和生态的影响，都是围绕着原材料来讲的。就像陶瓷质地的面砖，和土砖一样都是由黏土制作而成，所以其产生的影响也相似；混凝土和石材的面砖对环境的影响是一样的；还有塑料、玻璃、合成材料和金属材料制成的面砖，我们在使用时也需要根据其材质考虑环境的承载力。

在材料使用的这个问题上，争论一直没有停止过。前面的章节叙述中，我们已经看到，石材等较为昂贵的材料在历史进程中逐渐由结构支撑材料转变成了表层薄块状的贴面装饰材料。其实重新回顾面砖材料的使用，我们会发现很多现代设计作品中所使用的进口的昂贵面砖，其本身的材料设计也有更薄、更小、更便宜的趋势，主要目的也是使设计更经济，但是更有效地满足使用者的功能和心理需求。由此看来，在这个领域，可持续性设计将有很大的发展机会。

国际经典案例／**可持续发展**／创新与未来

创新和未来

基于持久耐用和高贵华丽的特点，面砖已经被人类使用了数千年。尽管在大部分的历史阶段中，面砖材料没有多大的改变和进步，但是随着现代主义设计的出现和兴盛，面砖材料本身也在不断地推陈出新。面砖材料的运用早已超越了功能的需求和限制，更注重美学上的表现。不管是纷乱繁杂、眼花缭乱的设计，亦或是模块化的标准设计，都为室内空间的营造提供了更多的效果和选择。

"沉思的巨石（Contemplating Monolithic）" 设计展览

项目名称
"沉思的巨石"

地点
意大利, 米兰

日期
2010年

设计方
Sony和Barber Osgerby设计事务所

今天, 很多种类的材料都被用来制成面砖, 设计者试图利用这个设计机会打破以前惯用的连续表面设计理念, 改变室内空间感觉。这些小小的贴面元素使整个设计室内空间的视觉和声觉效果达到了最优化——这通常是室内设计的重点, 也往往是最难控制的。

2010年, 设计师奥斯格毕的团队接到了Sony公司的这个设计案, 为一个名为 "沉思的巨石" 的展览做设计。Sony公司希望可以同时展示多种元素, 包括电子数码产品、家具设计和建筑设计。为了完全满足Sony公司的设计要求和理念, 设计师设计了这个暗室, 用吸声材料面砖装饰墙面, 使这个暗室变成一个几近消声的空间: 在听觉更加敏锐的同时视觉感受也愈发强烈, 设计师通过这种设计手法最终达到了Sony公司期望的展示效果。

左图
暗室, 各种声音被这些方椎体墙面吸收, 整个空间呈现无声状态。

　　也许你们会认为，室内设计不就是关于墙纸和涂料的一门艺术么？墙纸和涂料在室内设计中运用得如此广泛，这一章理所当然的应该作为全书开篇的最重要一章。但事实上，这本书在前面章节所介绍的各种材料才是真正创造和修饰室内空间和体验的主角。而大部分人对于室内设计的偏见——认为室内设计就是墙纸和涂料，是因为大部分材料在最终设计施工完成时都被一些表面涂料和覆盖物遮盖了起来。当然，无论我们是否对于室内设计存在理念差异，涂料和覆盖物确确实实是室内设计发展和创新的一个重要突破口。

　　室内设计中的表面肌理变化实际上就是涂料和覆盖物的作用，但是这种运用不仅仅只是改变了表面肌理，更是修饰或是加强了一种空间感觉。很多涂料和覆盖物在视觉上给使用者的感觉只是薄薄的一层，但是实际上并非如此简单。

　　建筑室内设计实际上是一门关于空间和构成的设计，涂料和覆盖物的使用可以在某种程度上强调空间使用感，有助于不同空间的视觉过渡和转换。

项目名称
合成纤维吸音面板
日期
2009年
设计师
凯瑞姆·拉希德

这些用来控制声响的面板是由一些废旧的聚酯纤维模板制作而成的，主要的设计目的是为了控制和减少日常生活中的噪音干扰，例如人们的谈话和手机的声音。

人类早期使用石膏、灰泥和石灰作为建筑表面装饰的历史可以追溯到公元前3000年。而在人类学会将材料烘干得像石质一样坚硬之前，石膏板作为早期的模块材料，已经被用来装饰和镶嵌人类的建筑了。

我们在前面章节已经介绍过，在文艺复兴、巴洛克、洛可可艺术运动中，石膏板（通常是被涂料覆盖或是镀金）就经常被用作贴面和用于装饰房间。石膏板的表面处理、结构形式和构造节点也是非常精细的，工匠们的精湛工艺将技术完美地融合在模板的处理过程中，旨在为当时的权贵阶层营造华丽绚烂的室内空间体验。

对页图
慕尼黑住宅的室内（Munich Residence），德国，慕尼黑，1385年
这是巴伐利亚君主曾经的府邸，如今已是慕尼黑的一处艺术博物馆。墙面运用了镀金和镜面反射等处理工艺和手法，增添了房间的亮度，也让身临其境的来访者感受到府邸的宏伟开阔。

下图
玛雅壁画，墨西哥，坎昆，公元500年
玛雅人喜欢用灰泥制作壁画，用来表现他们的宗教仪式和人类的牺牲祭祀。

镀金

之前曾简要地提到了镀金的工艺——也就是用金箔或金质粉末附着表面的过程。这个工艺可以大面积使用在平坦的墙面上，或是遮掩笨重的结构元素。它们呈现出来的越来越精致的装饰效果，在视觉上打破了石膏在室内设计中的使用局限。

伴随着室内装饰运用的更加深入和日益广泛，光的使用也被不断强调着。由于玻璃制造工艺非常发达，富有阶层可以随心所欲地增加他们建筑物窗户的面积。

金箔叶片可以反射光线（无论是自然光或是蜡烛光），从而使室内更加明亮光闪。有趣的是，在使用廉价光源的时代（好的蜡烛很昂贵，而煤气灯的普及使用是19世纪以后的事情），镀金物件反射的光线，甚至可以帮助人们找到家里用来睡觉的床！

历史和背景｜当代应用

织物表面

从中世纪开始，人们就已经经常使用厚重的挂毯或是其他织物（主要是为了使用者感觉温暖和舒适）来装饰墙面。通过从16世纪早期发展到17世纪，织物表面装饰逐步发展，表面纹样开始采用中式字画或是印刷艺术品来，特别是鸟类、花卉和景观等主体的作品，而材料多为一层层的宣纸和长条的丝绸。尽管在当时，这些材料都很昂贵，这种运用奢侈材料做墙面装饰的做法从未落后过时——设计者和业主都很欣喜地发现，只要改一改表面的纹样，这种墙面永远都可以紧跟潮流。

在现代设计中，由各种面料和织物做成的墙面装饰和覆盖物被经常使用。它们质量轻盈，可以使用在室内设计中并且经常更换。这些传统的做法可以控制室内灯光的感觉，改变空间属性，或者它们本身就是一个具有功能的空间场所。

左图
联合国大会会议厅（The General Assembly Hall of the United Nations），美国，纽约，华莱士·K. 哈里森（Wallace K Harrison），1949 年
在联合国大会会议厅主席台后方的背景墙上，华莱士·K.哈里森设计使用了大量金箔，这不仅烘托出一个带有戏剧舞台感觉的闪亮背景，也反映了当时的设计理念，即良好地体现联合国的权力、威信和声誉。

对页图
巴赫室内音乐厅（The JS Bach Chamber Music Hall），英国，曼彻斯特，Zaha Hadid Architects 建筑事务所，2009年
半透明的纤维膜包裹着内部的钢结构，构建出了观众席、舞台及控制灯光和音响的空间。

这个设计将空间形式和结构逻辑融合成一个连贯的整体，强调了在巴赫的作品中体现出来的音乐多重性。整个空间是一条连续的织带，自身缠绕成涡旋状，如同蚕茧般包围着中心的演奏者，形成富有层次感的观赏空间。观众们在这个音乐厅中可以感受到亲密的具有流动感的空间体验。

——扎哈·哈迪德

在前面篇章介绍的贴面或是覆盖材料主要是运用了一些常规的室内设计手法,重视形式、强调效果是常规设计手法的首要目的。而在这一节,我们将看到一些当代设计作品是如何利用贴面和覆盖材料的。这些作品在充分考虑和尊重功能需求、用户体验和艺术美感的前提下,进一步推动了建筑形式和空间效果的设计感以及使用者的活动交流。

功能需求

在扎哈·哈迪德设计的巴赫室内音乐厅中,我们看到了设计师如何利用材料在创造空间的同时也达到控制音响的效果。用某些材料来控制音响是设计师的惯用手法。追溯到18世纪的礼堂建筑,传统的马蹄形剧场平面,以及使用在剧场内部墙面的软装饰,都是为了使中心舞台的音响效果更为集中,同时也可以吸收不必要的混响和回音。时至今日,听觉设计已经发展成为一门理论复杂、分支细致的专门学科,它关乎到空间形式、配件安装以及室内装饰,甚至观众人数和演奏者本身也是这门学科的研究范畴,它们也是影响声响效果的主要因素。

室内设计也在考虑吸声和消声技术的运用,同时这种技术的运用也是室内装潢工艺的一个发展方向。这些吸声和消声的材料运用于室内,创造出新的表面触感和不一样的材质效果,可以在满足功能需求的同时,营造出华丽壮观的空间效果。

吸声和消声的材料一般是运用在僵硬的或是令人感到不安的室内空间中。这种一成不变的空间往往是为特别的功能设计的,例如音乐厅和剧院——一个空间给使用者的感觉,在很多时候不仅仅关乎功能的有效体现,更是一种心理上的影响。

下页图
地下避难所,美国,蒙大拿州,依米格雷特,查理·赫尔(Charlie Hull),2003年
这是一个建于地下的"末世"避难所,采用钢衬结构,试图将我们设想的"舒适家居"集中在此地下建筑中,在末世来临之前让购买者躲避进来,继续生活。功能所需的结构钢衬给人的感觉很是不安,但是整个设计确实展现了一个极其美好的生活空间。

用户体验

　　每一个室内空间都应为使用者提供空间
体验——这是每一个设计师都希望达到的目
标。在前面的历史和背景一节中,我们已经看到
一些传统的案例,在这些案例中设计师用石膏
板、灰泥或是织物作为材料,稍加利用,就改变
了整个空间的特质,影响着使用者的感受。在
当今社会,由于快节奏的生活方式,以及整个
社会对金钱的重视,设计师往往选用一些价格
经济但效果强烈的材料来为他们的作品锦上
添花。

　　通常情况下,设计师在拥有一定的设计经
验之后,往往会形成相对独立和固定的设计风
格和工艺模式,而真正经常改变的是空间的使
用者以及他们的生活体验。

上图和下页图
SPRMRKT STH 品牌店,
荷兰、阿姆斯特丹,Doepel
Strijkers 建筑事务所,
2010年
设计者采用一块具有张力的织
物紧紧地绷在固定的模特身上,
形成了这家品牌店的第二层表
面,意图展示将肌肤、身体和服
装融为一体的理念。为了强调
完美和缺憾并存,这块织物在
有些地方被撕破而创造出一些
别样的空间。

我们的灵感来源于完美和缺憾的对立，以及人体的不规则形态，例如纹身和打孔。人类的躯干其实就是非常个性化的服装形态。我们希望通过一些微妙的方式，展现肌肤、躯干和服装融为一体的理念。

——爱琳·斯特里吉克斯（Eline Strijkers）

历史和背景／当代应用／创新运用

下图
电子艺术中心的"数据空间(DATAMATICS)",
奥地利,林茨,日本视觉音乐艺术家池田亮司(Ryoji
Ikeda),2010年
这个作品运用了8台数字光学处理技术投影仪,若干电脑和
9.3ch音响系统。作品传达的设计理念是:我们生活的世界
渗透着各种各样看不见的信息和数据,我们是否察觉到了这
些信息数据的潜在性?

艺术美感

　　从前面叙述的案例来看，并不是所有运用了涂料和覆盖物的空间最终呈现的都是具体"美学上的愉悦性"，这也许并不是设计师的本意。我们应该清楚地传达我们的设计意图。有时，一些看上去漂亮具有美感的涂料并不能真正有效地为室内空间增加亮点。

　　有些表面材料甚至是分子级别的，但是就如同这一章开篇所讲的，材料存在感的微小不应该被误解为它们对室内空间的改造作用也是微小的。

创新运用

这一节的题目我特意使用了"运用"一词。许多早期的作品在当时就已经是创新和典范了。希望这一节能够让大家了解到在早期历史中被使用的表面材料和覆盖物是如何通过现代设计师的运用和改造，被加工创作成为当今具有典范色彩的优秀作品的。

RGB（三原色）墙纸设计

项目名称
RGB墙纸设计

时间
2010年

设计方
Carnovsky设计团队

通过翻阅16世纪到18世纪留下的自然历史图片，Carnovsky设计团队变戏法般地将真实图片和梦幻色彩融合在了一起，透过不同颜色的滤镜，观众可以看到设计者绘制在不同颜色层次上的景象。透过红色滤光镜，观众可以看到青色的爬行动物和鸟类；透过蓝色滤光镜，观众可以看到黄色的昆虫和爬虫；而光线变回白光时，这些景象就退后隐藏在其他的绘画元素中了。

通过对这张静止的二维图像进行一些特别的处理，弗朗西斯科·拉吉（Francesco Rugi）和西尔维亚·昆泰尼拉（Silvia Quintanilla）成功地将这张 RGB 的墙纸变成有视觉景深的三维图片，从普通的墙纸变成了有"表面深度"的新作品。

左图
RGB 墙纸设计
3张不同的图片，每一张都只采用一种原色，采用透明材料印刷以后再层层叠放在一起。这种层叠的手法，使二维的墙面产生了三维的立体效果。

"茧"家具（Kokon furniture）

项目名称
"茧"家具

时间
1999年

设计者
马金克和贝设计工作室

追溯到人类开始有私人空间意识的时候，用织物覆盖或包裹室内表面的方法就已经出现了。

但是建筑师瑞安·马金克(Rianne Makkink)和设计师尤尔根·贝(Jurgen Bey)颠覆了人们惯用的覆盖和包裹方式。设计是为了打破不同领域的界限，不可否认，他们的设计还包含了一些对于生活乐趣的追求和探索。瑞安·马金克和尤尔根·贝选用的家具类型都是相当平庸并且还是过时的样式，但是这个设计让这些旧物重新回归了人类的生活。弹性面料下的家具或是其他物品结构清晰，也是具有实用性的，但是这些作品模糊了物品与物品之间的界限，给人的感觉就像是一个物件从另外一个物件的身体里面生长出来的。通过统一的表面机理的装饰，将不同物件整合在一起，展现了一种混沌不清的美感。

上图
"茧"家具和面板
设计师将常用的家具用一块具有弹性的合成纤维织物紧紧地包裹起来，完完全全改变了家具本来的面貌。

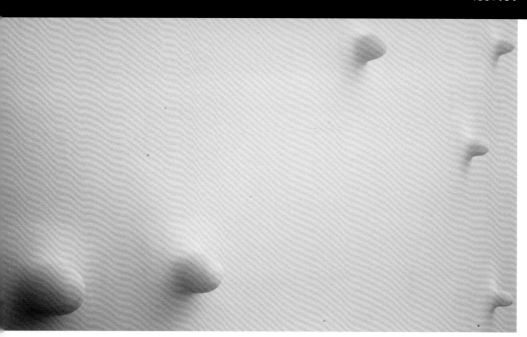

触感墙砖（Touchy Feely tiles）

项目名称
触感

时间
2006年

设计师
斯蒂芬妮·戴维森和佐治·拉法伊利迪斯（Stephanie Davidson and Georg Rafailidis）

触觉设计旨在创造"感官的交流"，更加强调身体和环境之间的感觉上的体验。设计师的目标是触发好奇感，挑动人类的幽默感，对材料采取实验性的态度，对附带的设计结果充满兴趣，并增强使用者身体和房屋的互动。他们在设计过程中用了很多模型，身体的互动相当程度地决定了设计的最终形式。

例如石膏表面，它被用作墙面覆盖材料已经是稀松平常的事情，以至于人们对于这种覆盖材料几乎视而不见、毫无兴趣了。但是这个设计中为石膏表面增加了三维元素，当人们将身体靠向这种墙面时，身体与墙面的接触是亲密而有趣的。

上图
"触点"加强纤维石膏模板
这些加强纤维石膏模板上有若干"触点"突出于墙面，并且内部安装有加热装置，可以让"触点"升温，这些突出点为人的身体和建筑的交流充当了柔和的媒介。

当代应用／创新运用／可持续发展

和其他材料一样，可持续发展的命题一直具有争议性，而且很大程度取决于你对于可持续设计的看法和你对材料的选择。这一节所介绍的内容仅仅涉及到品种繁多的表面材料和覆盖材料中的一小部分。关于如何适当地在尊重生态和环境的前提下使用材料，这个命题和材料类别一样复杂和庞大。

涂料制造商已经开始重新考虑他们在涂料生产时所使用的溶剂和散发的气味是否合适；加热石膏板也开始被运用作为墙面材料，以实现墙面绝缘和减少暖气的浪费；软装饰、地毯和地板贴面现在越来越多的是用自然、可持续的和可生物降解的原料制成，例如柔麻、剑麻或是竹子。总而言之，尽管生态和环保材料还没有完全占领材料市场，但是越来越多的材料生产和使用者都在考虑材料对于环境的影响。这种对于环境和生态的担忧，并没有限制材料的多样性，相反的，设计师面临着一个空前的机遇来实现自己的创新梦想。随着更多新材料的涌现，那些不环保、难以生物降解的材料将会慢慢地退出历史舞台。

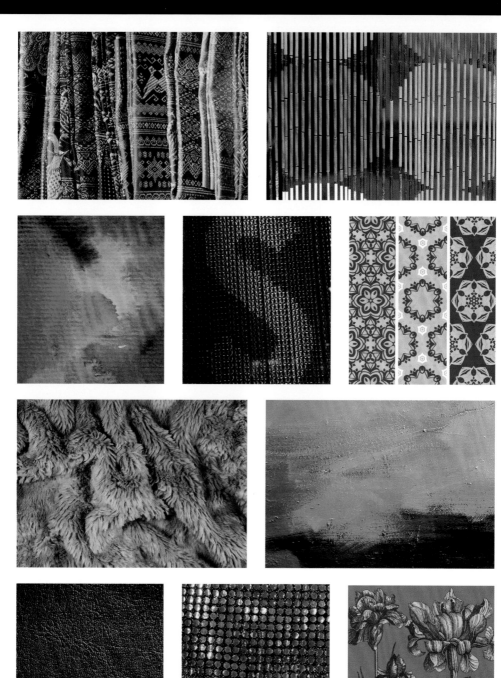

结束语

　　正如在一开始提到的，这本书的目的不是简单地陈述定义，或是平铺直叙地展示材料应用的案例，而是让学生或是设计师考虑何时何处应该如何使用材料，以及为什么应该在当时选择这种材料。行文至此，不知该目的是否达成。

　　材料的选用关系到设计的成败。建筑空间形式与效果的相互作用是室内建筑所需要考虑与关心的主要命题。材料及肌理的正确使用可以极大地加强建筑形式，并强化建筑效果。不过，可能"正确使用"这个词在这里并不贴切。通过整本书我们可以看到，跟随历史的发展进程，设计师们也在试着打破陈规，在室内空间的设计领域推陈出新：随着唯美主义运动的发展，维多利亚时代的室内设计也随之呈现出堆砌造作、过犹不及的趋势；现代主义运动的兴起则在当时引发了手工艺者的困扰；随着技术、制造、经济和社会的进步，当代设计也在不断地努力满足这个工业社会对室内建筑的需求。

现在，正如这本书所展示的一样，你拥有了一个空前的机会去打破陈规，去把日益丰富的材料应用于更加多样的室内设计实践中去。时代在改变，空间的类型也在不断丰富。而作为一名设计师，其职业素养与道德也因此有了新的要求。你选定用于创造或者加强某特定空间的材料将影响工程的造价。随着设计的全球化，生态上的、社会和经济上的消耗也在趋于国际化。

我希望书中提到的案例分析没有传达出判断某种材料使用的对与错的概念，重要的是当你成长为一个设计师之后，你一定要考量不同材料在使用时所产生的影响。

当你立志成为一名设计师的时候，不要把责任感当作一种负担或是局限，而应该视作一种机会，一种非局限的、实验性的、创造性的机会——将设计师的责任感上升到这样具有挑战性的层面将使你在未来的设计工作中更加出类拔萃。

唯美主义运动（Aesthetic） 在此书中是指19世纪中叶的一个艺术运动，推崇"为艺术而艺术"，拒绝概念性艺术，认为艺术应该有更深层次的社会或道德目的。

消声（Anechoic） 一个无回声或是用于吸声和消音的空间。

阳极氧化（Anodising） 涂层与金属氧化物保护层（通常是铝）的电解过程。这个过程不仅可以保护金属免遭氧化，还可以同时上色。

艺术装饰风格（Art Deco） 20世纪20年代和30年代的一种以时尚为导向的风格，一个重要特点是利用丰富的材料，如大理石、铝合金、黑色玻璃、漆器和镀金，通常以几何和立体主义的形式存在。

新艺术运动（Art Nouveau） 19世纪晚期的艺术运动，特点是结合现代材料艺术与自然的材料(如钢铁，玻璃和木材)，拒绝模仿维多利亚风格。

艺术和工艺运动（Arts and Crafts） 19世纪末和20世纪的典型维多利亚风格，过度装饰，崇尚手工制造。

巴洛克（Baroque） 16世纪的文艺复兴时期之后的欧式风格设计。一般只限于宗教建筑，其特点是强调雕塑感，喜欢用自然元素和手绘风格。

扶壁（Buttress） 石材或砖材，靠墙建立，用以提供额外的结构支撑。

铸铁（Cast Iron） 铁被溶化后倒入模具而形成的形式。这种技术让结构元素和装饰元素合二为一。

古典柱式（建筑）（Classical orders） 通常被认为是多立安式、爱奥尼亚式和科林斯式。其设计原则遵循古希腊人和罗马人的工作方式，例如其比例、式样和纹饰。

古典复兴（Classical revival） 流行于18世纪末和19世纪早期，多采用和借鉴古希腊和古罗马的设计风格。

天窗（Clerestory） 通常是指教堂中殿或唱诗班席位附近包含窗户的上部区域。

柱子（Column） 竖直的支撑物，一般用以支撑一个开放的空间或是拱，或其他建筑物结构元素；如果排成一列，也可以作为一个巨大的室内构造元素用以隔离空间。

"从摇篮到摇篮"（"Cradle to Cradle"） 常写作"C2C"，或者"Cradle2Cradle"，指用一个整体的、经济的、工业的和社会的方法来设计和利用资源，旨在建立高效率、无废物系统和流程。

"从摇篮到坟墓"（"Cradle to grave"） 一种旨在评估产品从诞生到废弃的整个过程对环境的影响的技术。

延展性（Ductility） 金属的一种特性，即可以被拉伸为纤细的条状。

工业木材（Engineered wood） 指由其他材料元素制造生产的木材。如胶合板（用薄模板层层胶合而成），其粘合剂的成分正在朝着可食用性方向发展。这些技术可以生产更轻质、更强硬、比天然木材更耐化学和生物腐蚀的木材。

镀金（Gilding） 表面覆盖薄薄一层金属，最常用的是黄金，但也有用银和铜等的。

哥特式（Gothic） 一个原本用于贬义形容中世纪的建筑术语。后来，随着越来越熟练和精细的建筑物备件造出来，它成为一个用来描述风格的词语，最显著的体现是在宗教建筑上。在19世纪，哥特式风格再次复兴。

重心结构
(Gravity construction)（也称作为"大体量结构"）当建设所使用的材料（如石材和砖）都稳定不动，整个建筑的荷载被它们的重心转移到地面上。

触觉 (Haptic) 所有接触感受。

拱心石 (Keystone) 最中央的一块石材，用来压紧拱结构的两边结构。

楣 (Lintel) 横跨在建筑开洞的水平的结构支撑（如门或窗口之间或在古希腊建筑的共同列）。

风格主义/矫饰(Mannerist Mannerism) 用以描述文艺复兴时期艺术家的工作方式以及个人风格的词语。

镶嵌 (Marquetry) 镶嵌是指由若干彩色的和格式花样的小片构成的作品。

石匠 (Mason) 建造和使用石材的人。直到 15 世纪，石匠都是建筑的设计者和决策者之一，类似的匠人——手工匠人和工匠（木匠和石匠）从行业内数代的专家那里学会了技术，并实现客户的意愿。那个时候，很少真的有设计或是绘图，主要是依靠工匠们自身的知识进行建造活动，设计师在当时还不存在。

现代主义 (Modernism) 20世纪开始，将"机器时代"、工业产品、批量生产和拒绝装饰的特点结合为 体的进步运动。

摩尔人风格 (Moorish) 通常作为早期基督教建筑的参考 (11和12)，来自18世纪北非洲的影响。

拼花地板 (Parquetry) 和镶嵌类似，但所使用的图案通常是几何图案。

锈 (Patina) 随着时间的推移，表面（颜色或纹理）或材料（通常是木材或金属）的变化。

壁柱 (Pilaster) 通常是从墙上突出一个长方形的柱子。

后现代主义 (Postmodernism) 这是由建筑师罗伯特·文丘 (Robert Venturi) 里在他的著作《建筑的复杂性和矛盾性》(1966) 中提出的理论，他呼吁无视严格规范和现代主义的限制，赞成放大建筑的复杂性，将设计和人性紧密联系。

文艺复兴 (Renaissance) 从1400年左右开始在意大利和整个欧洲开展的运动，文艺复兴逐步从中世纪时期的思想转化出来，直至16世纪晚期。

洛可可 (Rococo) 通常被视为巴洛克式的进一步发展，比巴洛克风格更精致，主要是在18世纪的世俗建筑中使用。

流线形设计 (Streamlined design) 20世纪中叶，以美国为主，从速度、运输、工业和工业产品获得绘画灵感的一种艺术风格。最典型的案例是20世纪40年代和50年代的美国餐厅内饰。

可持续发展 (Sustainability) 根据 1987 年联合国布伦特兰报告，对于可持续发展一个公认的定义是：可持续发展是在不损害子孙后代的需要情况下，满足目前社会的发展需要。这项声明通过联合国 2005 年世界首脑会议上的"成果文件"进一步加强，指出，"相互依存和相辅相成的支柱"的可持续发展、应考虑经济发展、社会发展和环境保护。

镶嵌 (Tessellation) 通常是无接缝的重复使用，最常用的单个形状是小瓷砖和马赛克。

穹顶 (Vault roof) 半圆形屋顶。

拱石 (Voussoir) 建造一个拱形时所使用的楔形或锥形石，用以形成叠涩的应用压力。

锻铁 (Wrought iron) 铁质作品，比如利用锤打和弯曲构成形式和质感。

下面列出了启发了本书写作的一些设计师、工作室和制造商。

A-Asterisk Design
中国
www.a-asterisk.com

Agence Andrée Putman
法国
www.studioputman.com/english/index.html

Ball Nogues Studio
美国
www.ball-nogues.com

Brinkworth
英国
www.brinkworth.co.uk

Carnovsky
意大利
www.carnovsky.com

Caruso St John Architects
英国
www.carusostjohn.com

Clive Wilkinson Architects
美国、英国
www.clivewilkinson.com

Cox Architecture
澳大利亚
www.coxarchitecture.com.au

Dale Chihuly, Artist
美国
www.chihuly.com

de Gournay Ltd
英国
www.degournay.com

Doepel Strijkers Architects
荷兰
www.dsarotterdam.com

Dreamtime Australian Design
澳大利亚
www.dreamtimeaustraliadesign.com

Elding Oscarson
瑞典
www.eldingoscarson.com

Erwin Hauer
美国
www.erwinhauer.com

Eva Jiricna Architects
英国
www.ejal.com

Gore Design Co. Arizona
美国
www.goredesignco.com

Greg Lynn Architect
www.glform.com

Iwan Halstead and Emily Rickards
英国
www.daytripstudio.com

John Pawson Ltd
英国
www.johnpawson.com

John Robertson Architects
英国
www.jra.co.uk

Jurgen Mayer H
德国
www.jmayerh.de

Karim Rashid
美国、荷兰
www.karimrashid.com

Korban/Flaubert
澳大利亚
www.korbanflaubert.com.au

Kriska Décor
curtain manufacturer
西班牙
www.kriskadecor.com

Kvadrat Ltd
Denmark and International
www.kvadrat.dk

Maison Koichiro
Kimura & International
日本
www.love-international.jp

Marc Fornes & Theverymany
美国
www.theverymany.com

Miniwiz Sustainable Energy
Development Ltd
中国台湾
www.miniwiz.com

Project Import Export
美国
www.projectimportexport.com

Riccardo Giovanetti Design
意大利
www.riccardogiovanetti.it

Ron Arad Associates
英国
www.ronarad.co.uk

Ronan and Erwan Bouroullec
法国
www.bouroullec.com

Ryoji Ikeda
Composer and installation artist
日本
www.ryojikeda.com

Shizuka Hariu & Shin Bogdan
Hagiwara
Architecture + Scenography
比利时、英国和日本
www.shsh.be

SIC Arquitectura y Urbanismo
西班牙
www.estudiofam.com

Snøhetta Architects
挪威
www.snohetta.com

Studio Fuksas
意大利
www.fuksas.it

Studio Makkink and Bey Design
Studio
荷兰
www.studiomakkinkbey.nl

Swarovski
www.architecture.swarovski.com

Tom Dixon Design Research Studio
英国
www.designresearchstudio.net

Thomas Heatherwick Heatherwick
Studio
英国
www.heatherwick.com

Touchy Feely Haptic Design
德国
www.touchy-feely.net

Universal Design Studio
英国、澳大利亚
www.universaldesignstudio.com

Weitzner Ltd
美国
www.weitznerlimited.com

Zaha Hadid Architects
英国
www.zaha-hadid.com

编制索引专家（英国）有限公司
[Compiled by Indexing Specialists
(UK) Ltd]

编写本书是一个充满挑战但又真正有所回报的经历。如果没有AVA出版方的支持，本书不可能顺利完工；如果没有领先的商业设计实践活动所提供的素材，本书不可能有如此鲜活的视觉内容；同样，如果没有朴茨茅斯大学建筑学院室内设计文学士（学士学位）课程的教职员工及学生们的群策群力，本书也不可能如期成型。

因此，在这里，我要特别感谢AVA出版社的利菲·罗宾逊（Leafy Cummins），她的鼓励、耐心和支持给了我实现这个夙愿的机会；梅利莎·奥布赖恩（Maeliosa O´Brien）、米歇尔·汤普森（Michele Thompson）和吉恩·怀特黑德（Jean Whitehead）帮我审阅早期图纸和大纲。最后，我要感谢吉玛（Gemma），艾萨克（Isaac）和奥斯卡（Oscar）——没有你们一贯的热情、幽默、支持、鼓励和关爱（深夜为我斟上的咖啡），我不可能写完这本书。谢谢你们。

封面图片及158: Carnovsky（设计），Alvise Vivenza（摄影）

002: Shuhei Kaihara（摄影）

009: Karim Rashid Inc.

012: Tadao Ando

020: Simon Hadleigh –Sparks/ Syon House

027: Graeme Brooker

028: Caruso St John（提供）

029: Caruso St John（提供）

032: ©ARTEDIA / VIEW

033:（韦纳贵妃椅）100% Design（提供）

041: Paul Gosney（提供）

042: Max Alexander

044: Heatherwick Studio

045: ©Nathan Willock / VIEW

048: ©David Borland / VIEW

057:（3号船坞的屋顶）©Chatham Historic Dockyard Trust

058: RIBA Library照片收集

059: RIBA Library照片收集

060: David Borland / VIEW

062+063: Graeme Brooker

064+065: wan Baan（摄影）

068: David Linley

069: 项目师技师提供

070: Terry Rishel©Chihuly Studio（摄影）

080+081: Steve Speller

081: Heatherwick Studio（图纸提供）

082+083: Graeme Brooker

087: ©Swarovski AG2011. 保留所有版权

088: Zaha Hadid Architects（图纸提供）

089: Hélène Binet

090: Ball-Nogues Studio

092: Architectural Press Archive / RIBA Library 照片收集

095: ©Atelier Jean Nouvel. Fotoworks（摄影）

098: Karim Rashid Inc.

100+101: ©Hufton + Crow / VIEW

102+103: Karim Rashid Inc.

104+105: Studio Bouroullec et Tahon et Bouroullec

108+109: Studio Giovanetti

110: Doriana and Massimiliano Fuksas . Ramon Prat（摄影）

114: Ron Arad

116: Shuhei Kaihara（摄影）

118+119: Erwin Hauer

120+121: Zaha Hadid Architects（提供）

124: Jake Fitzjones for DuPont（摄影）保留所有版权 . Brinkworth for Fortnum & Mason, Fabrication（设计）

125: Marc Fornes

126: Elding Oscarson（建筑），Eson Lindman（摄影）

133: ©Victoria & Albert Museum

135: Bargain Betty

136: Koichiro Kimura

137: Studio Makkink & Bey BV（提供）

138: Scottie Cameron

139: ©Carlos Coutinho保留所有版权

140: Paul Gosney提供的图片

141: Studio Bouroullec etTahon et Bouroullec

144: Sony Design（提供）

146: Karim Rashid Inc.

151: ©Luke Hayes / VIEW

153: ©Richard Ross

154: Doepel Strijkers Architects（设计），Wouter vandenBrink（摄影）

156: Liz Hingley www.lizhingley.com

160: Jurgen Bey / Dry-tech / Collection Droog，Bob Goedewaagen / 1999（设计／摄影）

160: Georg Rafailidis

国际
环境艺术设计基础教程

职业道德

琳恩·埃尔文斯
（**Lynne Elvins**）
内奥米·古尔登
（**Naomi Goulder**）

出版说明

道德的话题并不新鲜,然而在应用视觉艺术领域考虑道德问题却可能不是想象中那么普遍。我们这里的目的就是要帮助新一代的学生、教育家以及从业者找到方法以指导他们在如此生机勃勃的领域里的想法和见解。

AVA 出版社希望以下几页"注重职业道德"的内容能够为教育家、学生和专业人士提供一个思考的平台以及将道德因素灵活地融入其工作中的方法。我们的阐述包括以下4个部分。

引言部分的初衷是就历史发展和当前的主要议题为道德景观呈现一个快捷的初步印象。

框架部分将道德因素划入4个区域,并针对它的实际应用提出了可能发生的问题。根据所给出的刻度依次回答这些问题会使你通过比较对你所做出的反应进行更深层次的研究。

实例分析部分以一个真实的项目为例,提出了一些可供继续考虑的道德问题。这更像一个讨论的聚焦点而不是批判性分析,因此答案里没有预设的正确与错误之分。

一系列的**延伸阅读**有助于你更加详细地了解那些你特别感兴趣的方面。

道德是一个复杂的话题，它将个人的社会责任感同与其个性及幸福感紧密相关的诸多因素交织在了一起。

它不仅包括同情心、忠诚和活力等优秀品质，也涵盖着信心、想象力、性情和乐观的心态。正如古希腊哲学里所提到的，基本的道德问题是"我应该做什么？"我们如何追求"美好的"生活不仅关系到我们的行动会对其他人产生什么影响的道德担忧，也会引起对我们自身的正直品行的自我反省。

在现代社会，道德规范方面最重要且最有争议的问题就是道德问题。随着人口的不断增长和流动通信的日益发展，如何规划我们在地球上的共同发展便自然而然地成为了人们最关注的问题。对于视觉艺术家和通信工作者来说，将这些考虑因素纳入创作过程毫不见怪。

有些道德问题已经在政府的法律法规或者职业行为准则中有明文规定。例如，剽窃和泄露机密都可以作为应受到惩罚的罪行。各国在立法中也明确规定剥夺残疾人获取信息或者进入空间的行为是违法的。很多国家已经禁止将象牙作为一种原料进行贸易。在这些案例中，都有一条清晰的界限表明什么是不能被接受的。

但是绝大多数的道德话题都是可以在包括专家和外行人之间进行开放式讨论的，最终我们还是得基于自己的指导原则或者价值观来做出我们各自的选择。为慈善机构工作比为商业公司工作更道德吗？创造出令其他人感觉丑陋或者反感的东西就不道德吗？

诸如此类的具体问题可能会引发更加抽象的其它问题。比如，难道只有对人类的影响（以及他们所在乎的）重要吗？或者，对自然世界的影响是否也应引起注意呢？

即便推动道德结果的过程中需要做出道德牺牲，它也是正当合理的吗？必须得有一个统一的道德理论吗（比如功利主义理论，它认为正确的做法总是能够给最大数目的人带来最大的幸福）？或者也可以有很多不同的道德价值观将一个人朝着不同的方向牵引？

当我们参加道德讨论并在个人和职业的水平上来审视这些进退两难的话题时，我们可能会改变我们的观点或者改变我们对其他人的看法。可事实上，当我们回过头来再细看这些问题的时候，就会发现真正的考验在于我们能否改变我们做事以及思考问题的方式。"哲学之父"苏格拉底指出，如果人们知道什么是正确的，他们自然就会去做"好事"。但这样一个观点也许只能引导我们提出另一个问题：我们怎么才能知道什么是正确的呢？

你

你的道德信仰是什么?

你所做的每件事情的核心都是你对周围的人和问题的态度。对于某些人来说,他们的道德观在他们以消费者、投票人和职业工作者的身份做出日常决定的过程中起到了积极的作用。但其他人可能几乎很少考虑道德的问题,而且这也不会自动让他们变得不道德。个人的信念、生活方式、政治主张、国籍、宗教信仰、性别、阶层或者教育背景都会影响你的道德观。

依据下面给出的刻度,你将把自己放在什么位置? 做出这个决定你都考虑了哪些因素? 请把你的答案与你朋友或同事的进行比较。

你的客户

你的条件是什么?

工作关系是能否将道德观融入一个项目的关键,而你每天的行为就是你的职业道德的演示。最具有影响力的决策者是你的首选共事对象。在讨论什么方面要是非界限分明的时候,香烟公司或者军火商是经常引用的例子,但实际情形很少会这么极端。在哪一点上你可以依据道德标准拒绝一个项目呢? 必须谋生的现实又会在多大程度上影响着你的选择能力呢?

依据下面给出的刻度,你会把一个项目放在什么位置? 这与你个人的道德水准相比较而言如何呢?

01 02 03 04 05 06 07 08 09 10

01 02 03 04 05 06 07 08 09 10

你的规格说明

你的材料效果怎样？

近期，我们得知很多自然原料都供应不足。同时，我们也逐渐意识到有些人造材料可能会对人或者地球产生长期的危害。你对你所使用的材料了解多少？你知道它们来自哪里，距离多远以及它们是在什么样的情况下生产出来的吗？当你制造的材料已经不再被需要了，对其进行回收利用是否容易、安全呢？它会毫无痕迹地消失吗？这些因素都是在你的责任范围内还是你也无法掌控它们？

请依据下面给出的刻度，标出你所选择的材料处于哪种道德水平上。

你的创造物

你工作的目的是什么？

在你、你的同事和一个议定的信仰之间，你的创造物将获得什么？它有什么社会目的，会做出积极的贡献吗？你的工作所带来的应该不仅仅是商业成功或者工业大奖吧？你的创造物有可能帮助挽救生命、教育、保护或者激励其他人吗？形式和功能是判断一件创造物时约定俗成的两个方面，但在视觉艺术家和通信工作者的社会义务方面，或者他们在解决社会或环境问题所能起到的作用方面，几乎没有达成什么共识。如果你想成为一名广受认可的创造者，你能对你的创造物有多大的责任心？这种责任心可能在哪里结束？

请依据下面给出的刻度，标出你的工作目的处于哪种道德水平上。

01 02 03 04 05 06 07 08 09 10

01 02 03 04 05 06 07 08 09 10

提升到道德高度，室内建筑营造的是一个可以直接影响人的情绪或行为的空间。设计本身可能采用是积极的或是消极的方式进行，下一步的问题就在于这些情感和行为产生之后，谁将受益？例如，商业零售空间可以特意设计为能让人们的脚步慢下来，并鼓励他们遵循一定的路径，以增加他们购物的机会或者是提高商业办公空间的生产力。如果考虑到消费者或劳动者的需求，如何去做？一个有责任感的室内建筑师应将客户放在首位、更多考虑空间使用者还是只专注于空间设计本身？或者这些都应该是投资方考虑的问题？

虽然伦敦的老贝利自1674年后已经重建多次，这个法院很大程度上仍然沿袭了当年的设计。被告席是被告站立的位置，对面是证人席，而法官的座位在法庭的另一侧。陪审员的座位都在一起，使他们能够互相协商，共同决定他们的判决。坐在法官下面的是书记员、律师和记录员。

在1673年，法庭的一侧是开放的，这样做的目的是增加新鲜空气的供给，阻止患有斑疹伤寒的囚犯传播疾病。观众都统一在外面的院子听审，这导致他们可能会影响或恐吓坐在里面的陪审员。1737年，法院重建并且封闭围合起来，这不仅隔绝了室外的恶劣天气，也限制了观众的陪审。但也是由于这样，在1750年的一个审判过程中被告将斑疹伤寒传染给了在场的60人，包括市长和两名法官。

1774年，法院重建后为工作人员提供了良好的办公环境和设施，证人拥有一个独立的等候室，这使他们不必在附近的公共建筑中等候召唤。一个大的陪审团室包含18个皮革质地的座椅。大法官和他们的侍者也享受着同样的豪华设施，但关押囚犯的地下室条件就要差得多了。

在19世纪早期法庭引进煤气照明之前，被告席上方安放了反光镜面，光线通过镜面可以照亮被告的面孔。这使得法官可以更好地研究他们的面部表情，从而评估他们的言词是否可信。在被告的头上还放置了扬声器，用以扩大他们的声音。在一些法庭（囚犯会被打上烙印）的内部设置有铁棍，用以在给罪犯打上烙印时固定他们的双手。

1877年，这个法院被更大的现代建筑取代，于1907年由英国国王爱德华七世启用。新法院有着橡木镶板装饰和所有需要的空间。男性和女性证人被分开，更有价值的证人可以独享一个单间。老贝利在1941年的轰炸中被严重损坏，但随后被重建。1972年，现代化的设计元素被引入老巴利，但作为英格兰最重要的皇室法院，其设计基本上仍与1907年相同。

法院的室内设计可以影响判决吗？
设计一个对人们来说具有威慑力的室内空间这是不道德的吗？
你会参与设计一个法院项目吗？

"这里的空间相互开放，彼此连通，被划分为角落空间、交互空间和流通空间。总之，空间已经得到了解放。"

——吉恩·鲍德里亚（Jean Baudrillard）

职业道德

美国书画刻印艺术学会（AIGA）
《设计商务和道德观（*Design Business and Ethics*）》
2007, 美国书画刻印艺术学会

伊顿及玛西娅·米尔德（Eaton, Marcia Muelder）
《美学与美好生活（*Aesthetics and the Good Life*》
1989, 美联社（Associated University Press）

埃利斯, 大卫（Ellison, David）
《欧洲现代文学中的道德观和美学：从崇高到离奇（*Ethics and Aesthetics in European Modernist Literature: From the Sublime to the Uncanny*）》
2001, 剑桥大学出版社（Cambridge University Press）

芬纳, 大卫·E·W [Fenner, David E W （Ed）]
《道德观和艺术：选集（*Ethics and the Arts: An Anthology*）》
1995, 加兰社会科学参考图书馆（Garland Reference Library of Social Science）

基尼, 阿尔, 马尔库, 阿列克谢·M（Gini, Al and Marcoux, Alexei M）
《商务道德观的实例分析（*Case Studies in Business Ethics*）》
2005, 普伦蒂斯霍尔出版社（Prentice Hall）

麦克多诺, 威廉, 布朗格特, 迈克尔（McDonough, William and Braungart, Michael）
《从摇篮到摇篮：重建我们制造东西的方式（*Cradle to Cradle: Remaking the Way We Make Things*）》
2002, 北点出版社（North Point Press）

帕帕尼克, 维克多（Papanek, Victor）
《为现实世界而设计：为测量而制作（*Design for the Real World: Making to Measure*）》
1972, 泰晤士哈得孙出版社（Thames & Hudson）

联合国全球盟约（United Nations Global Compact）
"十大原则（The Ten Principles）"
www.unglobalcompact.org/AboutTheGC/TheTenPrinciples/index.html